Adobe

Learn Adobe Photoshop CC for Visual Design

Adobe Photoshop CC 标准教程

[美] 罗勃·舒瓦茨（Rob Schwartz） 著

马静 杨志芳 张亚帅 译

人民邮电出版社

北京

图书在版编目（CIP）数据

Adobe Photoshop CC标准教程 / (美) 罗勃·舒瓦茨著 ; 马静, 杨志芳, 张亚帅译. -- 北京 : 人民邮电出版社, 2021.6
ISBN 978-7-115-56182-4

Ⅰ. ①A… Ⅱ. ①罗… ②马… ③杨… ④张… Ⅲ. ①图像处理软件—教材 Ⅳ. ①TP391.413

中国版本图书馆CIP数据核字(2021)第050789号

◆ 著　　　[美] 罗勃·舒瓦茨
　译　　　马　静　杨志芳　张亚帅
　责任编辑　赵　轩
　责任印制　王　郁　陈　犇
◆ 人民邮电出版社出版发行　　北京市丰台区成寿寺路 11 号
　邮编　100164　　电子邮件　315@ptpress.com.cn
　网址　https://www.ptpress.com.cn
　天津市银博印刷集团有限公司印刷
◆ 开本：800×1000　1/16
　印张：16　　　　　　2021 年 6 月第 1 版
　字数：233 千字　　　2021 年 6 月天津第 1 次印刷

著作权合同登记号　图字：01-2020-2163 号

定价：128.90 元

读者服务热线：(010)81055410　印装质量热线：(010)81055316
反盗版热线：(010)81055315
广告经营许可证：京东市监广登字 20170147 号

中文版前言

Adobe 是当下多媒体制作类软件的主流厂商之一，媒体设计从业者的日常工作基本都离不开 Adobe 系列软件。Adobe 系列软件中的每一款都可以应对某一方向的设计需求，并且软件之间可以配合使用，实现全媒体项目。同时，Adobe 公司一直紧跟时代的潮流，结合最新技术，如人工智能等，不断丰富和优化软件功能，持续为用户带来良好的使用体验。

在各色媒体平台迅猛发展的信息时代，图像和音视频处理能力已经成为当代职场人必不可少的能力之一。比如，"熟练掌握 Photoshop"已经成为设计、媒体、运营等行业招聘中重要的条件之一。

Adobe 标准教程系列特色

Adobe 标准教程系列图书是 Adobe 公司认可的入门基础教程，由拥有丰富设计经验和教学经验的教育专家、专业作者和专业编辑团队合力打造。本系列图书主题涵盖 Photoshop、Illustrator、InDesign、Premiere Pro 和 After Effects。

本系列图书并非简单地罗列软件功能，而是从实际的设计项目出发，一步一步地为读者讲解设计思路、设计方法、用到的工具和功能，以及工作中的注意事项，把项目中的设计精华呈现出来。除了精彩的设计项目讲解，本书还重点介绍了设计师在当前的商业环境下所需要掌握的专业术语、设计技巧、工作方法与职业素养等，帮助读者提前打好职业基础。

简单来说，本系列图书真正从实际出发，用最精彩的案例，让读者学会像专业设计师一样思考和工作。

此外，本系列图书还是 ACA 认证考试的辅导用书，在每一章都会给读者"划重点"，在正文中也设置了明显的考试目标提示，兼顾了备考读者和自学读者的双重需求。通过学习目标，你可以了解本章要学习的内容；

通过 ACA 考试目标，你可以知道本章哪些内容是 ACA 考点。所以，只要掌握了本系列图书讲解的内容，你就可以信心满满地参加 ACA 认证考试了。

操作系统差异

Adobe 软件在 Windows 操作系统和 macOS 操作系统下的工作方式是相同的，但也会存在某些差异，比如键盘快捷键、对话框外观、按钮名称等。因此，书中的屏幕截图可能与你自己在操作时看到的有所不同。

对于同一个命令在两种操作系统下的不同操作方式，我们会在正文中以类似 Ctrl+C/ Command+C 的方式展示出来。一般来说，Windows 系统的 Ctrl 键对应 macOS 系统的 Command（或 Cmd）键，Windows 系统的 Alt 键对应 macOS 系统的 Option（或 Opt）键。

随着课程的进行，书中会简化命令的表达。例如，刚开始本书描述执行复制命令时，会表达为“按下 Ctrl + C（Windows）或 Command + C（macOS）组合键复制文字”，而在后续课程中，可能会将描述简化为“复制文字”。

目　录

本章目标

学习目标

- 了解本书的目标和教学风格。
- 熟悉“开始”工作区。
- 学习自定义 Photoshop。
- 学习如何保存自定义工作区并为多个用户设置工作区。
- 学习整理数据和效率最大化的策略。
- 学习自定义数据显示。
- 了解 Adobe Creative Cloud。

ACA 考试目标

- 考试范围 2.0
  项目设置与界面 2.2

第 1 章

初识Adobe Photoshop CC

Adobe Photoshop CC（以下简称 Photoshop）是世界上有名的软件之一。在过去的 20 年里，如果你稍加注意，就会发现身边的几乎所有图片都是经过 Photoshop 编辑的。

在本章中，你会见到一些出色的项目，你可以通过这些项目来了解 Photoshop 并掌握使用 Photoshop 的流程。此外，本书还将分享一些技巧和资源，你可以使用这些技巧并利用这些资源自主学习更多内容。

本书与大多数 Photoshop 教程类书籍不同，它是通过项目实战来进行讲解的。本书不会教你一些孤零零的知识点。当你需要使用工具时，本书会告诉你怎样操作。这种方法让教学更有吸引力，也更具实用性。

本书的目标是教你学会使用 Photoshop，并成为一名真正的设计师，而不仅是照着书中的项目做。

你的时间是宝贵的，Photoshop 是有趣的，让我们开始学习吧！

1.1　学习目标

下面先花点时间解释一下本书想要实现的目标，这样我们就能达成共识了。

1.1.1　玩得开心

严肃地说，本书的目标是让你玩得开心，笔者也希望你能玩得开心。当你玩得开心的时候，能学到更多，也能记住更多的东西，更容易集中注意力并坚持下去。有些项目可能不是你的风格，但本书会尽可能让它有趣、有价值。

随着学习的深入，你会发现这个过程越来越有趣。你可以根据自己的喜好和兴趣，随意探索和自定义书中的项目。当你需要去验证一个想法或概念时，请大胆去尝试。要玩得开心，去享受 Photoshop 带给你的“超能力”吧！

1.1.2 按照自己的方式学习 Photoshop

当你在实际操作书中的项目时，笔者真的希望你能自由地探索，把这些项目看作自己的项目。当然，笔者也欢迎你紧紧跟随本书的步调，但如果有些操作需要你自己编辑，请按照自己的兴趣随意更改文本或样式。在学习过程中，要确保自己理解了正在讨论的概念，同时也要花时间进行探索和自主学习。Photoshop 远比我们看到的强大得多。Photoshop 启动画面如图 1.1 所示。

图 1.1 Photoshop 启动画面

1.1.3 备考指南

本书会讲到 Adobe Certified Associate（ACA）考试相关的要点。通过考试后，你会获得一个很酷的徽章（图 1.2）。然而，你不能仅为了“通过考试”而学习。本书将以最有效的方式带你学习并巩固 Photoshop 技能，你会学到考试所需的所有技能。但是现在你不要专注于考试，现在你要做的是集中精力学习 Photoshop!

图 1.2 通过 ACA 考试之后，你将会获得此款徽章

1.1.4 开发你的创造力、沟通能力和合作能力

除了学习 Photoshop 的操作技巧之外，笔者也希望你具备其他的技能，以成为一名更有创造力和合作精神的艺术家。虽然这些技能不是 ACA 考试内容，但它们是成功的核心基础。每家公司都重视有创造力、工作能力强、与他人能很好相处的员工，尤其是在平面设计和其他创意行业。因此，本书也会介绍一些有关创造力、为客户进行设计、与他人合作以及项目管理方面的基础知识。

1.2 了解 Photoshop

在开始使用 Photoshop 之前，首先要知道如何启动 Photoshop 并了解它的界面。这部分内容主要介绍 Photoshop 的界面，以及如何按照自己的意愿自定义界面，然后保存布局。这就像在驾驶汽车之前，驾驶员需要先调整座位。你可以完全按照自己喜欢的方式设置 Photoshop，工作时通过单击你设置好的界面选项。

关于创造力

“创造力的本质就是无惧失败。”

——埃德温·兰德（Edwin Land）

Photoshop 这款软件的背后是很多技术天才的付出，他们的目的都是让你变得有创造力。人们对创造力有个可怕的误解，他们认为创造力是与生俱来的，也就是说，有些人天生就有创造力，有些人则没有。这是错误的！虽然有些人可能天生更擅长创造性任务，但我们所有人都可以成为更有创造力的人（图 1.3）。和其他事情一样，创造力需要练习，想要做得更好，唯一的方法就是尝试、探索，甚至失败。

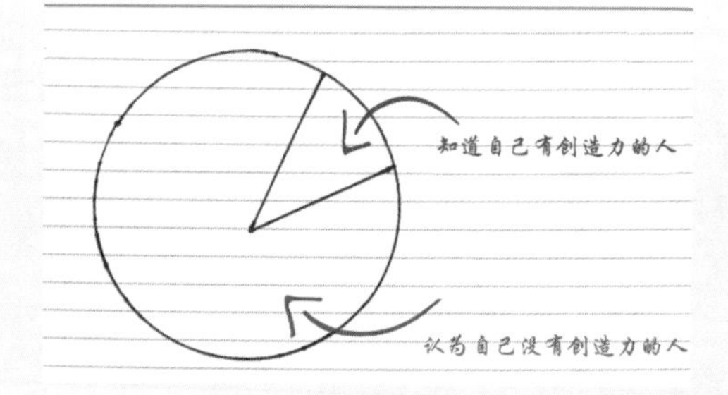

图 1.3 你可能会质疑百分比的准确性，但请创造性地质疑

事实上，在创作过程中大多数作品都是失败的，这是必然的。因此，庆祝并享受你的失败吧！艺术是一种试验性很强的活动，即便是最好的艺术家也会产出一些垃圾作品。优秀的艺术家和新手之间的区别是，优秀的艺术家会接受失败，并将其作为创作过程的一部分。每个人都有十万个糟糕的想法，一名真正有经验的艺术家会比其他人实践得都多！

如果你觉得自己还不是一名优秀的艺术家，也不要担心。本书的最后将进一步探索提升创造力和创新意识的方法，在“创造力健身房”多花些时间就好了！

1.2.1 开始工作区

当你第一次启动 Photoshop 时，或者在每次更新完软件之后启动 Photoshop 时，你都会看到开始工作区（图 1.4）。工作区界面有两个模式：工作模式和学习模式。

- 工作模式：这是常用的模式。界面显示了你最近使用的文件、Adobe Creative Cloud（CC）文件和 Lightroom（LR）照片的访问入口。
- 学习模式：在学习模式下有一些视频文件，教你如何更有效地使用 Photoshop，或将其他 Adobe 应用程序集成到你的工作流程中。

图 1.4 Photoshop 开始工作区

Photoshop 可自定义。如果你想在启动时不显示“开始”工作区，可以通过以下方式轻松关闭或打开开始工作区。

1．选择【编辑】>【首选项】>【常规】（Windows）或【Photoshop CC】>【首选项】（macOS），打开【首选项】对话框。

2．在【常规】选项卡中，选择或取消选择【没有打开的文档时显示“开始”工作区】，选择你喜欢的工作方式。

1.2.2 Photoshop 用户界面

★ ACA 考试目标 2.2

Photoshop 用户界面通常如图 1.5 所示，但你也可以自定义用户界面。我们将根据默认界面（即【基本功能】界面）讨论工作区的功能。

图 1.5　默认设置下的 Photoshop 界面

- 工具面板：工具面板包含所有可以在 Photoshop 中使用的工具。重要的是，你要知道工具面板中的每个图标都代表一类工具，你可以通过单击选择这些工具。
- 选项栏：这个区域会根据当前选择工具的不同而有所变化（有时又被称为控制面板）。在选项栏中，你可以为当前所使用的工具设置相应的选项。当你开始使用 Photoshop 并学习教程时，使用这些选项可能会很难。如果你在选项栏中没有看到想要的选项，请检查你是否选择了正确的工具。
- 菜单栏：这是一个标准的应用程序菜单栏，其中显示了 Photoshop 所有的菜单。

- 工作区切换器：在这个下拉列表框里可以选择预先设置的工作区，并保存自定义的 Photoshop 界面布局。
- 面板：这是一个可高度自定义的区域，其中包括应用程序的默认面板。这个区域内有许多面板，可以让你快速访问不同的功能。你可以根据自身需求，轻松自定义、移动、重新排列面板或调整面板大小，稍后会具体讲解。
- 文件窗口：这个区域可显示画布等。

提示

你可以按 Tab 键打开或关闭所有面板。

1.2.3 使用工作区

Photoshop 有多个预先设置的工作区，可以用来快速设置界面，简化特定的任务（图 1.6）。此外，你还可以根据自己的需求自定义工作区，并将这些设置保存为自己的工作区。

- 基本功能：这是默认的工作区，其中包括大多数常用的工具以及学习使用面板的实用技巧。
- 3D：该工作区中的工具可用于处理 3D 图像。
- 图形和 Web：该工作区中的工具用于处理文本，强调设计元素。
- 动感：该工作区中的工具用于处理视频和动画，而且可以打开时间轴面板。
- 绘画：当你进行数字绘画或需要画笔面板、色板面板时，这个工作区是很有帮助的。
- 摄影：选择该工作区会调出直方图面板，可访问库和对图像进行调整。

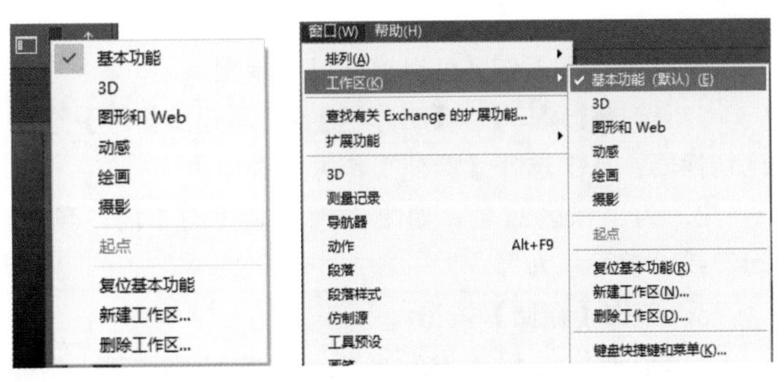

图 1.6 打开预设的工作区的方式：选择【窗口】>【工作区】，或者在工作区切换器中切换

要打开工作区并将其重置为默认布局时，请遵循如下操作。

1. 打开工作区，方法如下。
- 使用工作区切换器选择工作区。
- 选择【窗口】>【工作区】，然后选择你想要使用的预设工作区。

2. 复位工作区，方法如下。
- 在工作区切换器中选择【复位 [工作区名称]】。
- 选择【窗口】>【工作区】>【复位 [工作区名称]】。

除了预设的工作区，你还可以在 Photoshop 中根据个人的喜好新建并保存自定义的工作区。

★ ACA 考试目标 2.2

1.2.4 自定义工作区

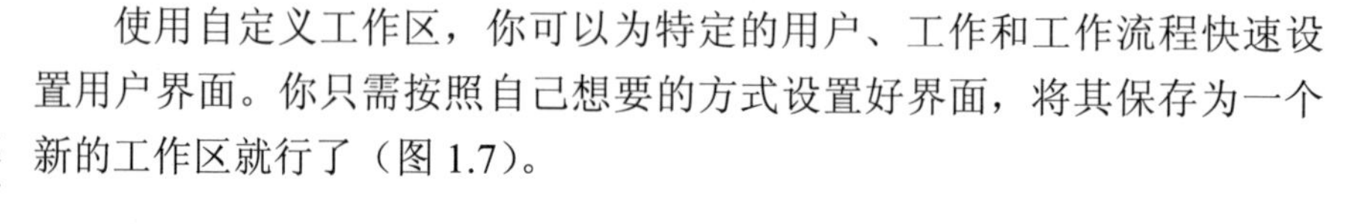

使用自定义工作区，你可以为特定的用户、工作和工作流程快速设置用户界面。你只需按照自己想要的方式设置好界面，将其保存为一个新的工作区就行了（图 1.7）。

注意

当你熟练之后，你还可以自定义工具面板、快捷键和菜单。现在，我们只使用默认设置就好，重点放在基础知识上。

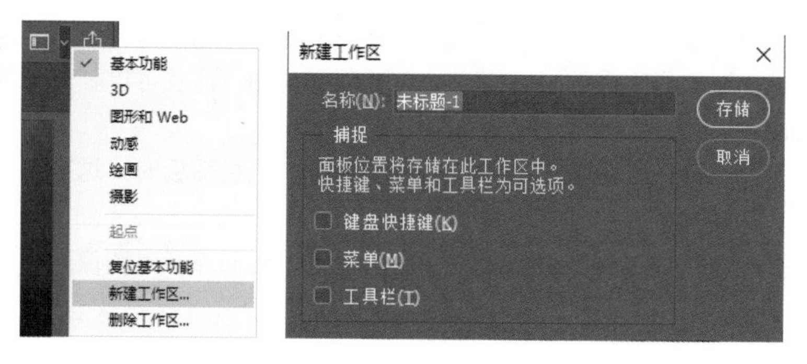

图 1.7 创建一个新的工作区并命名

新建自定义工作区可以遵循以下步骤。

1. 选择【窗口】>【工作区】>【新建工作区】选项，或者使用工作区切换器，从中选择【新建工作区】选项。

2. 为工作区命名。如果你想复制我的布局，我建议你命名为“学习”或“学习系列”。

3. 单击【存储】按钮。

4. 根据你的想法设置面板。每次做出改变后，工作区都将自动更新。

注意

如果你移动了一些面板，工作区会记住新的样子，但是你需要以同样的名字命名该工作区，重新存储，这样才能使用复位命令将其恢复。

1.2.5 重新排列工作区

一旦创建了自己的工作区，你就可以按照自己的想法，轻松地移动面板和面板组，自定义界面。面板组是指多个面板的集合。

在同一个面板组中，要想重新排列面板，可以将相应面板的选项卡拖动到你想要的位置，然后松开鼠标（图 1.8）。

要想将一个面板放在另一个面板组中，请将该面板的选项卡拖动到另一个面板组中（图 1.9），当面板组周围出现蓝色高亮条时松开鼠标（图 1.10）。

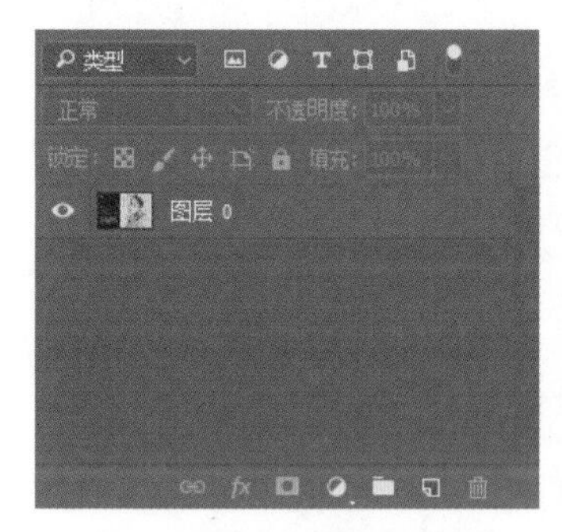

图 1.8 拖动选项卡重新排列面板

图 1.9 创建新的面板组

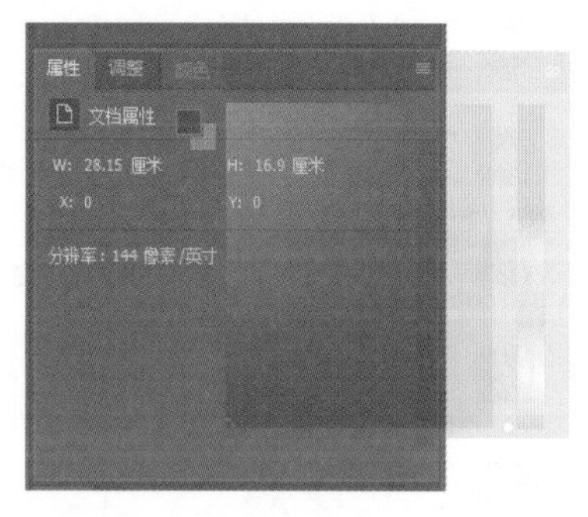

图 1.10 将一个面板放在另一个面板组中

要想移动单个面板，只需拖动面板的选项卡。而要想移动面板组，需要单击面板组标题栏的空白处，将其拖动到目标面板组选项卡的右侧（图 1.11）。

要想调整面板大小，可以将鼠标指针移动到两个面板中间，当鼠标指针变为双头箭头时，拖动以调整大小（图 1.12）。

图 1.11 将一个面板组拖动到另一个面板组中

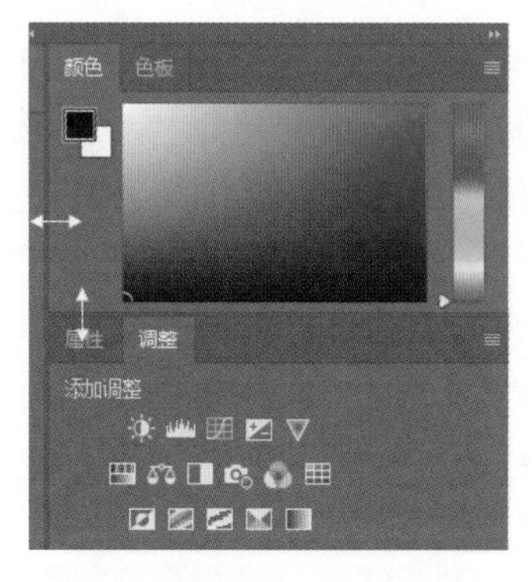

图 1.12 根据自身需要，调整面板大小

你可以按照自己想要的方式，任意排列工作区。若工作区设置得恰当，可以帮助你更有效地工作。

1.2.6 更新软件

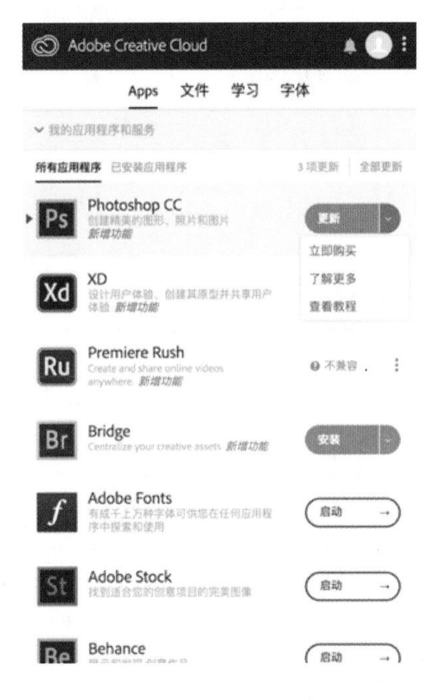

图 1.13　Adobe Creative Cloud 更新通知

当你订阅 Adobe Creative Cloud 后，与早期 Photoshop 的版本相比，现在的软件更新和漏洞修复会更频繁。软件通常每 6 个月更新一次，每次更新会添加一些新功能并对工作流进行优化；当进行漏洞修复时，可能偶尔会有小型的软件更新，这和以前的软件一样。

使用 Adobe Creative Cloud 进行更新很简单，你可以通过 Adobe Creative Cloud 桌面应用程序获得更新通知（图 1.13）。

除了软件更新之外，在 Adobe Creative Cloud 桌面应用程序中还可以快速访问 Adobe 的视频教程、资源（包括你的文件、Typekit 字体和模板）、Adobe 图片库和来自 Adobe 在线设计社区 Behance 的灵感等。

1.3 快速了解 Adobe Creative Cloud

如果你注册了一个免费的 Adobe Creative Cloud 账户，你可以下载 Adobe 的应用程序试用版免费使用 30 天，而且 Adobe 每次更新应用程序时，你都可以再免费使用 30 天，体验新功能。此外，你还将获得 Behance 社区的免费会员资格。超过 30 天免费试用期之后，你需要订阅 Adobe Creative Cloud 中的软件才能继续使用该软件（图 1.14）。多年来，Adobe 一直提供软件订阅服务，但并非所有人都能从这一计划中受益。不过，它确实为项目成员节省了大量的精力，而且现在每个 Adobe Creative Cloud 用户都能享受到软件的及时更新。

图 1.14 Adobe Creative Cloud 可确保你使用的软件版本是最新的，能获得更多内容

1.4 访问项目文件

实践书中的项目时，你需要先下载课程文件（图 1.15）。

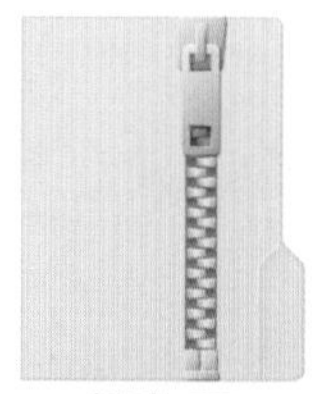

图 1.15 下载并解压用于此书的示例文件，通过 Photoshop 访问这些文件

阅读完本书后，你要尽可能多地使用自己的图片进行操作！前几个项目可能有点挑战性，因为本书处理的是照片中的某些具体问题。如果你的图片和本书正在尝试修复的图片没有出现同样的问题，则很难跟上本书的进度。

如果你想通过 ACA 考试，你必须学习所有的概念，然后在软件中进行操作。此外，你必须仔细观看每一个视频，跟上进度，这也很重要。然而，这并不意味着你需要在项目中使用与本书相同的文本或图像，你只需要确保自己获得了真正的经验——在软件中学习了项目中使用到的每一个工具。你应将项目个性化，而不是仅了解在课程中学习到的概念。作为一个从事 ACA 考试工作 10 多年的人，我可以告诉你，如果你选择参加 ACA 考试，则你将会在考试中遇到你在课程中遇到的许多概念和任务。如果你已经在软件中练习过这些内容，那么你在考试中的实际操作部分（最大的部分）会有优势。

1.5 整理数据

作为一名数字艺术家，你会在计算机上生成和处理许多文件。整理好数据，确保自己可以及时找到所有的项目和文件是一个好习惯。虽然我不打算在这里详细介绍，但是可以简单介绍一些好的整理习惯，以便你在学习时使用。

1.5.1 设定存储位置

最重要的技巧之一是为你的 Photoshop 作品设定一个指定的位置。这个位置要易于访问，在【保存】对话框中只需单击一两下就能找到。如果你在某个位置创建了一个名为“Photoshop”的文件夹，则你可以在打开或保存文件时快速访问到。一般来说，“文档”或“图片”文件夹是保存作品的好地方，因为所有操作系统的【保存】对话框中都有到这两个文件夹的快速链接。有人会嘲笑这种使用默认文件夹的做法，但通常这些人不知道默认文件夹可以被移动到硬盘上的任何地方，包括云存储文件夹内。

如果这个位置上有很多文件；你就很难找到“Photoshop”文件夹；一个众所周知的技巧是在文件名的开头使用感叹号，迫使文件夹出现在列表的顶部。例如，如果你将文件夹命名为“Photoshop”，那么它会按照首字母顺序同其他文件夹一起排序。在计算机上，如果你将文件夹命名为“!!Photoshop”，则它会位于列表的顶部。如果你使用的是安装了 macOS 系统的计算机，你可以使用空格将文件夹强制放到顶部。你可以使用类似的技巧，如在文件夹名称的开头处加上字母“z”来强制将文件夹置于列表底部。

1.5.2 经常备份

另一个重要的建议是定期做好备份。你可以手动将作品复制到一个便携的外置硬盘上，或使用备份软件定期备份，还可以使用免费的线上云服务进行自动备份，这些云服务可以直接与操作系统的文件结构集成。免费的 Adobe Creative Cloud 账户免费为用户提供 2G 的线上存储空间（此外，还有许多其他好处），这也是保存工作成果的好地方。

如前所述，你可以将这些文件夹移动到硬盘上或其他任何地方，保存到你想要的位置，但最好还是保存到操作系统为默认文件夹提供的易访问入口。

1.6 开始吧

好了，以上就是所有你需要知道的内容。在本书中，你将通过操作几个项目来学习使用 Photoshop 编辑照片和设计图像时所需的基础知识。Photoshop 的创作潜力是惊人的，操作完几个小项目之后，你的创造力将超乎你的想象。

升级挑战：自主学习

本书偶尔会向你提出挑战，让你自己去探索，并通过“升级挑战”栏目来拓展你学到的知识。本章的升级挑战是，在 Photoshop 界面中，完成学习面板教程。

- Level I：在学习面板中，每个类别至少完成一个教程。
- Level II：在学习面板中，每个类别至少完成两个教程。
- Level III：在学习面板中，完成所有的学习教程。

本章目标

学习目标

- 学习如何在 Photoshop 中导入、打开图像。
- 修复相机设置不当而导致的常见问题。
- 修复因年久而损坏的老照片，恢复其颜色。
- 调整尺寸、锐化并存储图像，然后将其分享到社交媒体或网络上。
- 将彩色图像转换为黑白图像，突出特定色调。
- 学习如何使用 Photoshop 来制作更好的图像。

ACA 考试目标

- 考试范围 2.0
  项目设置与界面 2.4
- 考试范围 3.0
  整理文件 3.3
- 考试范围 4.0
  创建和修改可视化元素 4.4、4.5 和 4.6
- 考试范围 5.0
  发布到数字媒体 5.1

第2章

快速修复照片

我们从快速修复照片开始学习，这样你就可以立刻使用这些技能修复照片，并将其发布到社交媒体和网络上了。本章节奏比较快，你只需要在特定的时间内用一个简单的方法来创建一张符合要求的照片就行了。我们将使用你在上一章末尾下载和保存的文件。

快速、简单的解决方案并不总是最好的解决方案。但是，对于社交媒体或网络来说，图像品质其实并不那么重要。为了增强用户体验，快速加载页面，大多数网络平台都会重新压缩图像，改变图像的品质。

我们考虑的是，如何在特定的工作中采用合适的技巧。使用这些技巧后只需要一两分钟就能修复照片，但是制作的图像并不精致，适合那些不会被近距离或放大观看的图像。

★ ACA 考试目标 3.3

在本章中使用的破坏性编辑技巧并不适用于所有的工作。一旦保存并关闭了文件，破坏性编辑就无法撤销。当你再次打开该文件时，已经无法返回到原始的文件了。对于快速、简单地修复照片而言，这一技巧非常有用。在下一章中，我们将学习非破坏性编辑，非破坏性编辑使文件保存以后，可以重新被调整或撤销更改。

2.1 美化第一张照片

本节将讨论如何消除红眼并优化用于网络的图像。现在，大多数新相机都采用了灰分技术（Ash technology），可以减少红眼，所以红眼已经不像以前那么常见了，但在老照片中红眼仍然比较常见。在下面的项目中，你将学习一些基本的照片编辑方法，使照片看起来达到最好状态，然后你可以将它们发布到社交媒体上。让我们从在 Photoshop 中打开一幅图像开始。

★ ACA 考试目标 2.4

2.1.1 打开图像

在 Photoshop 中打开图像和在其他应用程序中打开文档一样，最常见的方法是选择【文件】>【打开】或者按快捷键 Ctrl+O（Windows）或 Command +O（macOS），然后找到你要打开的图像。这种方法对于打开存储在计算机上的文档非常有效。然而，在当今的网络世界中，人们经常会从互联网或其他地方抓取图像。下面是在 Photoshop 中打开图像的 3 种方法。

- 选择【文件】>【打开】：执行该命令，打开保存在计算机上的图像。
- 将图像拖动到界面里：将图像拖动到 Photoshop 界面，打开图像。如果有其他图像已经被打开，则需要将图像文件拖动到文档窗口的标题栏中，将其作为单独的文档打开，否则，图像将在当前文档中作为一个新图层打开。
- 复制、粘贴：由于人们常常从网上找图像，这种方法变得越来越流行。采用这种方法时，你首先要保证复制的是最大尺寸的图像，并且在创建新文档之前就复制好，这样图像将存在剪贴板中，Photoshop 会自动将新文档的图像尺寸设置为同样的尺寸。然后选择【文件】>【新建】或者按快捷键 Ctrl+N（Windows）或 Command+N（macOS）创建一个新文档，将图像粘贴到新文档中。用你喜欢的方式，在 Photoshop 中打开 201-redeye.jpg 和 202-BBR&John.jpg（图 2.1）。

提示

从网络上复制图像时，要确保复制的是全尺寸的图片，不要复制缩略图。

图 2.1 你可以在 Photoshop 界面中打开多幅图像

2.1.2 修复红眼

★ ACA 考试目标 4.5

修复彩色旧照片时，常常需要修复红眼，尤其是为那些有浅色或蓝色眼睛的人拍照时，照片中常常会出现红眼。现在，大多数相机（甚至是手机的拍照功能）都使用了减少红眼的技术，但是偶尔还是会出现红眼的现象。“修复”是一个非常简单的功能，很适合新手学习。

修复照片上的红眼时，可以遵循以下步骤。

1. 找到【污点修复画笔工具】，在其上右击，从弹出的快捷菜单中选择【红眼工具】，鼠标指针变为“十”字和眼睛。

2. 将“十”字鼠标指针放在瞳孔中央，单击。

3. 对出现红眼的其他眼睛，重复以上操作（图 2.2）。

你使用 Photoshop 修复的第一张照片就完成了！

提示

【红眼工具】无法处理宠物的照片，因为宠物的照片往往会出现“绿眼睛”。你需要手动修复。你将在后面的“升级挑战：手动修复红眼”中学习这一方法。

警告

不要使用【红眼工具】在图像上进行画圆圈、填充区域等操作，这么做会出现问题。你只需要在“十”字鼠标指针对准瞳孔中心时单击就可以了。

图 2.2 【红眼工具】与其他快速修复工具在一个组中

2.2 缩减、锐化并存储为 Web 图像

当你的图像是用于社交媒体或网络时，你可以遵循以下 3 个步骤来获得用于 Web 的图像。大多数相机拍出来的图像都太大（尺寸和文件

大小都太大），不适合网络传播。将图像缩小之后，可以缩短加载时间，对网络用户来说是件好事。我将这 3 个步骤总结为“3S”原则：缩减（Shrink）、锐化（Sharpen）和存储（Save）。

2.2.1 调整图像的尺寸

★ ACA 考试目标 4.4

首先，缩减图像尺寸。对于网络而言，人们通常希望将图像的最大尺寸控制在 1200 像素左右。这种图像尺寸适用于手机和大多数社交媒体网站，对网站也比较友好，因为较小尺寸的图像可以提高加载速度。

注意

图像大小的调整有两种基本方法：图像尺寸（以像素为单位调整图像的高度和宽度）和图像文件大小（调整图像的字节总数）。缩减图像尺寸同时也会减少文件的字节数，因此，我们目前学习的这种方法既能缩减图像尺寸也能使图像文件变小。

1. 选择【图像】>【图像大小】（图 2.3）。
2. 在【宽度】或【高度】文本框里，输入你想要的以像素为单位的尺寸（1200）。需要注意的是，长宽比有一定的限制。
3. 在【图像大小】对话框的底部，选择【重新采样】。
4. 从下拉列表框中选择合适的重新采样的方法。在本项目中，由于你正在缩减图像，因此选择【两次立方（较锐利）（缩减）】选项（图 2.4）。
5. 单击【确定】按钮。

图 2.3 从【图像】菜单中选择【图像大小】选项

图 2.4 选择【两次立方（较锐利）（缩减）】选项

为了获得最佳的结果，选择合适的重新采样模式非常重要。【重新采样】下拉列表框中的选项里括号中的注释可以帮助你选择最适合的方法来更改图像。

2.2.2 使用【USM 锐化】工具

★ ACA 考试目标 4.6

当创建用于网络的图像时，在调整其大小之后锐化是一个好主意。在模糊的细节上增加对比度会使图像看起来更清晰。然而，许多锐化方法——甚至在 Photoshop 中——会导致皮肤和其他光滑的纹理变得非常粗糙。为了解决这个问题，Photoshop 推出了一个叫“USM 锐化”的滤镜，它只锐化图像的边缘，保留皮肤、衣服、天空等内容的光滑纹理。

提示
对图像进行锐化时，如果要进行具体操作，请使用 USM 锐化滤镜，而不要使用锐化边缘滤镜。如果要对图像的边缘进行锐化，USM 锐化滤镜是最佳选择。

1. 选择【滤镜】>【锐化】>【USM 锐化】(图 2.5)。
2. 在【USM 锐化】对话框中，进行以下设置（图 2.6)。

- 数量：添加到边缘的对比度级别。数字越大，锐化程度越高。
- 半径：锐化超出边缘的宽度。数字越大，锐化程度越高。
- 阈值：边缘处较大区域的锐化程度。数字越大，锐化程度越低。

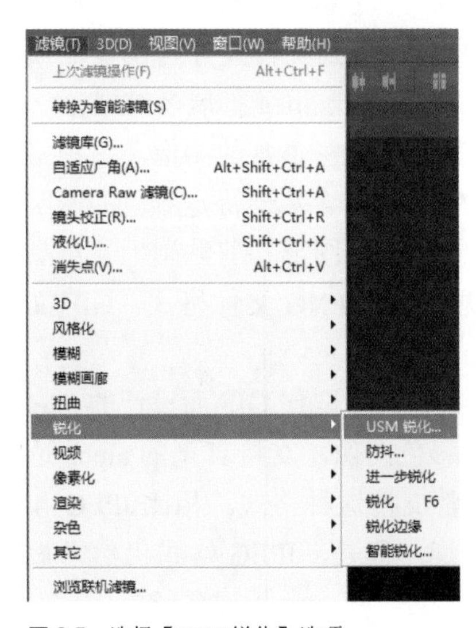

图 2.5 选择【USM 锐化】选项

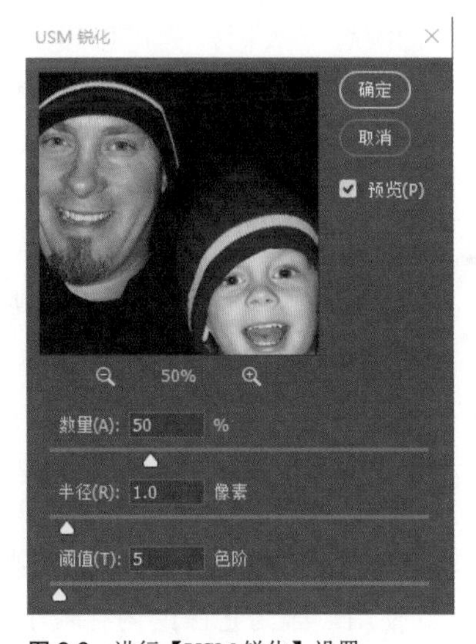

图 2.6 进行【USM 锐化】设置

3. 选择【预览】，将锐化后的图像与原始图像进行比较。（对话框中显示的是锐化后的图像。）

4. 调整设置，直到图像边缘看起来清晰，而且光滑的区域（皮肤、衣服、天空）看起来仍然光滑和明亮。

提示
当锐化人物图像时，较好的初始值是，数量为 100%，半径为 1 像素，阈值为 5 色阶。

5. 单击【确定】按钮进行锐化。

使用 USM 锐化滤镜锐化图像可以让图像更“吸睛”，收紧边缘，而不扭曲平滑的区域。接下来，就是“3S”的最后一步——将图像存储为 Web 所用格式，然后你就可以通过社交媒体或电子邮件分享图像了。

★ ACA 考试目标 5.1

2.2.3 将图像存储为 Web 所用格式

将图像存储为适用于 Web 的格式时，需要使用【存储为 Web 所用格式】命令。Web 格式可适用于社交媒体、网站、电子邮件等。更重要的是，这么做的目的是生成最小的文件，因为它会从图像文件中删除所有不必要的数据，包括元数据（你可以自己决定保留多少元数据）。

刚开始使用【存储为 Web 所用格式】命令时，你可能会感到困惑，因为你必须从多种格式中进行选择。我们来看看网上流行的 3 种图像格式以及其使用场景。

- JPEG 是最流行的摄影图像格式。在 Photoshop 中将图像存储为 JPEG 格式时，你可以设置图像品质，找到文件尺寸与图像品质之间的最佳平衡。JPEG 文件通常以 .jpg 或 .jpeg 扩展名结尾。
- GIF 是一种流行的图像格式，用于处理色彩丰富的图像。这种格式也常用于制作小动图或动画，它可以包含基于特定颜色的透明像素。GIF 最适合用在颜色较少的徽标、图形和剪贴画上。对品质要求较高的图像而言，人们更喜欢用 PNG 文件格式。GIF 文件通常以 .gif 扩展名结尾。
- PNG 是一种相对较新的格式，最初是为了取代 GIF 而设计的。它是一种开源格式，包括索引和真彩色图像，支持真正的 alpha 透明度，大部分应用程序和浏览器都支持这种格式。相比 JPEG 和 GIF 格式，PNG 格式越来越受欢迎。但是，JPEG 格式仍然常被使用，因为它占的内存较小。PNG 文件以 .png 扩展名结尾。

将图像存储为 Web 所用的格式时，请遵循以下步骤。

1. 选择【文件】>【导出】>【存储为 Web 所用格式（旧版）】（图 2.7）。
2. 选择图像所需的预设格式或自定义图像格式。
3. 在【存储为 Web 所用格式】对话框中，进行自定义设置，确定你要的图像品质。

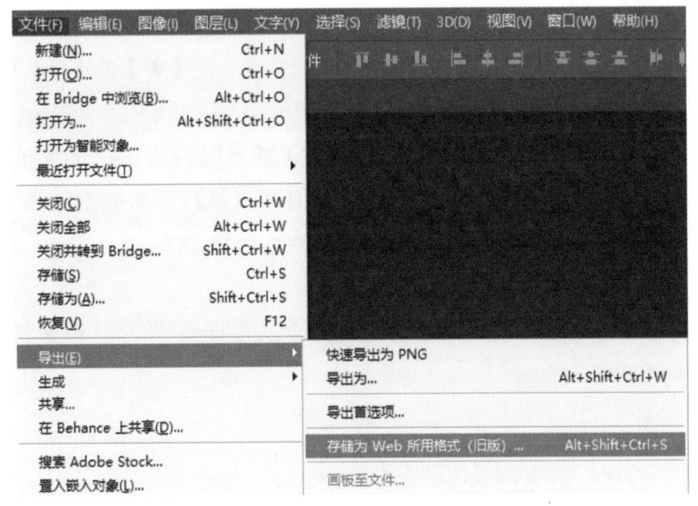

图 2.7 【存储为 Web 所用格式（旧版）】命令

根据图像和你对品质的需求，对图像品质进行设置。【中】通常用于创建非常小的文件，在这些文件中，品质不是主要的考虑因素。

在【预设】下拉列表框中选择【JPEG 中】选项（图 2.8）。

图 2.8 在【品质】文本框中输入 30

提示

在【存储为 Web 所用格式】对话框中，可以将视图更改为“双联”或“四联”视图，以对比同一个图像在不同文件格式或不同设置下的品质。

4. 调整图像大小。

- 找到右下角【图像大小】区域，在【W】或【H】文本框中输入值，或在【百分比】文本框中输入值。
- 当【约束比例】(锁链图标）锁定时，可保持图像的比例（长宽比），即调整【W】文本框中的值，【H】文本框中的值会自动调整。
- 当你想将图像扭曲以达到一定效果时，需要取消锁定【约束比例】。

5. 单击【存储】按钮并选择位置保存图像。将文件命名为“redeye x.jpg”。

2.2.4 关闭图像

到目前为止，你已经修复了一幅图像，且将其保存为了某个固定的格式。接下来，你不会再编辑这个版本的图像了，你需要关闭它。由于你前面对图像做了修改，因此在关闭图像时，Photoshop 会问你是否想保存修改。如果你不需要保存对该图像所做的操作，则可在出现的对话框中单击【否】按钮（图 2.9）。

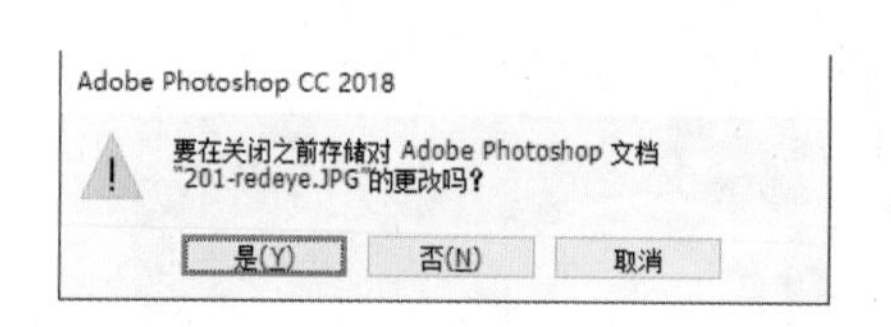

图 2.9　单击对话框中的【否】按钮关闭图像，可以不保存更改

★ ACA 考试目标 4.5

2.2.5 修复色彩平衡

下一幅图像也是用数码相机拍摄的，但是由于相机的设置不正确，出现了白平衡问题。也就是说，灯光的颜色在图像中是可见的。人的眼睛会根据看到的颜色做出很多调整，而相机很难做到这一点。所以如果相机设置错误或在多种灯光下拍照，那么图像就会出现偏色，灯光的颜色会使图像颜色变淡（图 2.10）。在接下来的内容中，我们将解决图像的偏色问题、为图像中的人物修复红眼，然后将其存储为 Web 所用格式。

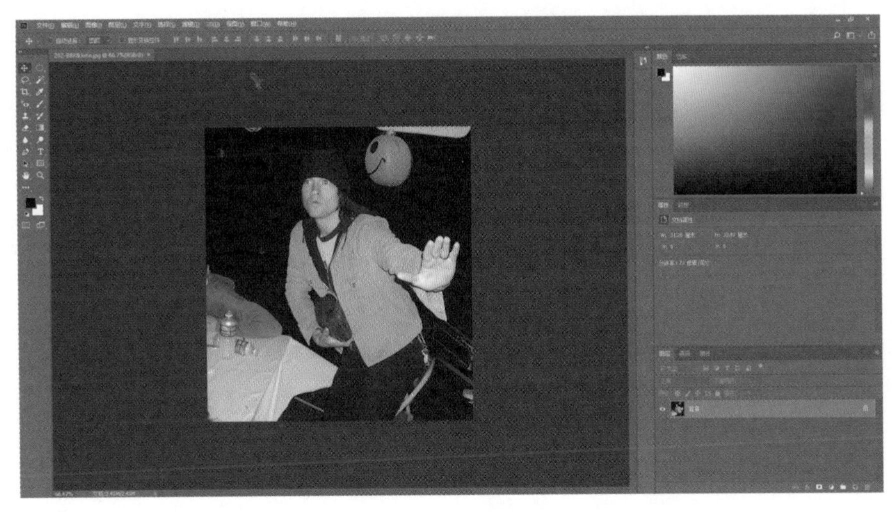

图 2.10 图中的蓝色调是相机设置不当造成的色彩平衡（也称为“白平衡”）问题

2.2.6 自动调整白平衡

图像中的白平衡问题可以使用 Photoshop 的自动功能进行调整，该功能用于解决老照片或者在多种灯光下拍摄照片时常出现的问题。在多种灯光下拍摄或相机设置不当造成的白平衡问题，可以遵循以下步骤解决。

自动校正图像的白平衡。

1．选择【图像】>【自动颜色】，或者按快捷键 Shift+Ctrl+B（Windows）或 Shift+Command+B（macOS）（图 2.11）。

2．按快捷键 Ctrl+Z（在 macOS 中，按快捷键 Command + Z）进行撤销，这样你就可以快速地比较修改前后的图像。

使用【自动颜色】命令可以轻松修复图像中的颜色平衡问题。然而，有时候你需要手动调整颜色。但是大多数时候，自动修复就足够了。

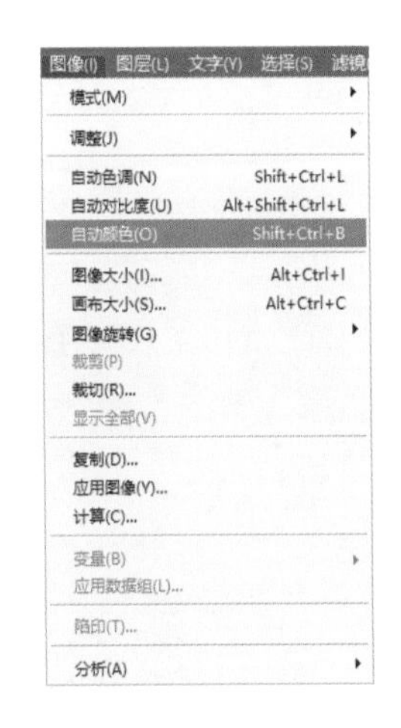

图 2.11 选择【自动颜色】命令，自动修复图像的白平衡

2.2.7 手动修复红眼

我们可以看到，图像中的人物有红眼，我们可以根据之前学到的技

巧对其进行修复。但是你会发现，他的左眼还是红的，当处理动物图像的红眼问题时也会出现这样的现象，此时单凭【红眼工具】很难完全修复图像。不要担心，你可以大胆尝试自己去解决这个问题。

升级挑战：手动修复红眼

【红眼工具】并不能解决所有的红眼问题。在宠物的图像中，通常会出现“绿眼睛”；有时候，人的图像中出现红眼的眼睛太亮了，Photoshop 无法识别出发光的是一只眼睛。在这些情况下，你可以使用【海绵工具】和【加深工具】手动修复红眼。

【海绵工具】会“吸收”（或删除）颜色，你可以选取该工具，在你要调整的地方单击。【加深工具】会使图像变暗。具体操作步骤如下。

1. 选择【海绵工具】。
2. 按左、右方括号键（“[” 和 “]”）调整海绵的大小，将工具指针调整到和瞳孔一样大或稍微小一点。
3. 单击瞳孔，直到红色消失，同时要小心，不要将眼睛的正常颜色从虹膜上清除掉。
4. 选择【加深工具】。
5. 按左、右方括号键（“[” 和 “]”），将指针调整到和瞳孔一样大或稍微小一点。
6. 单击瞳孔，将其变成你想要的颜色深浅程度。

2.3 照片恢复的基本方法

接下来，我们将学习如何修复扫描后的旧照片。你稍后看到的图像中都有一些独特的问题，这些问题通常不会出现在数码相机拍的照片中，如灰尘、划痕、眼泪和其他物理损伤。在这部分内容中，我们将使用工具恢复旧照片（图 2.12）。

图 2.12 这张照片由于年代久远已经损坏了，因此需要大量的修复工作

2.3.1 翻转或旋转图像

★ ACA 考试目标 4.4

当使用数码相机拍摄图像或者用扫描仪扫描图像时，我们最终拿到的图像有时候是侧着的或倒置的。在这里，我们用一个简单的方法来创造性地修复图像，或者使用工具创建图像的横版或竖版的镜像。

翻转或旋转图像步骤如下。

1．选择【图像】>【图像旋转】（图 2.13）。

2．在【图像旋转】子菜单中，根据自身需要选择适当的旋转或翻转角度（图 2.14）。

翻转图像后，会得到一个镜像，原图像中的文本和数字都被翻转了。翻转图像时一定要记住这一点。

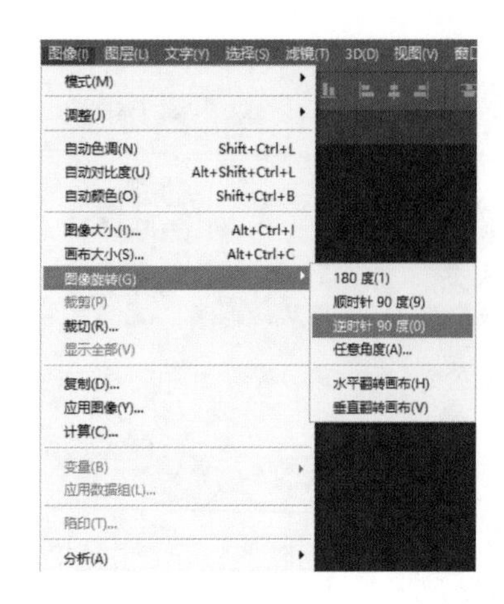

图 2.13 【图像】菜单中的【图像旋转】子菜单

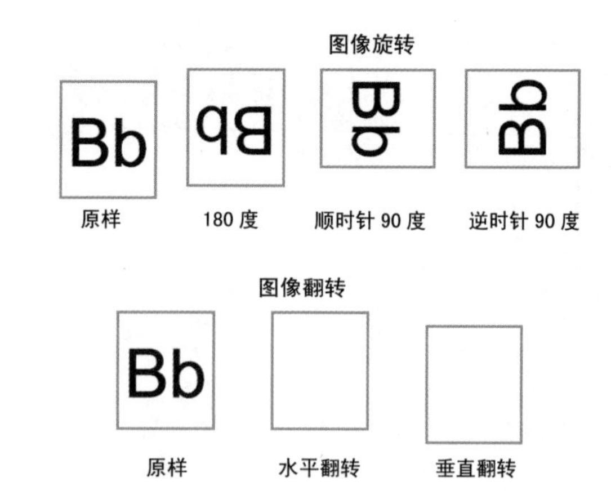

图 2.14 Photoshop 中图像旋转和翻转后的效果

2.3.2 裁剪图像

裁剪图像是设计行业中的一项常见任务，设计师经常需要调整图像的大小或者对图像进行重构。对图像进行简单的裁剪可以极大地影响图像的呈现效果。当你裁剪图像时，你也在调整图像的焦点和构图之间的平衡。

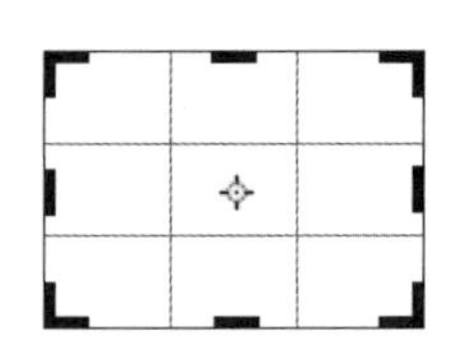

图 2.15 拖动裁剪框边或角上的手柄，调整图像的裁剪区域

裁剪图像时，可以遵循以下操作步骤。

1．在工具面板中，选择【裁剪工具】。

2．从图像的左上角拖动裁剪手柄到右下角，或者从图像的角或边拖动裁剪手柄，确定裁剪区域（图 2.15）。

3．在选项栏中单击【提交当前裁剪操作】按钮或按 Enter 键，裁剪图像。

现在，图像的边缘已经被移除，接下来可以进行颜色调整了。由于这幅扫描图像有白色边框，因此不确定 Photoshop 的图像校正工具是否能完成任务。

★ ACA 考试目标 4.5

2.3.3 修复老照片的颜色

老照片变色并不罕见，这可能是由于纸张发黄造成的，也可能是受光照的影响。Photoshop 中有一些工具可以快速解决这些常见的问题。在后面的内容中，还将讲解如何手动调整，进一步完善照片修复工作。在

接下来的几个操作步骤中，你会发现 Photoshop 中有一些工具可以快捷、出色地完成修复工作。

2.3.4 使用【自动颜色】和【自动色调】

我们知道，在 Photoshop 中，【自动颜色】命令可以自动修复出现白平衡问题的图像，而【自动色调】命令对修复破损的老照片更有帮助。【自动色调】命令可以自动设置图像中的黑白点，使黑色成为真正的黑色，白色成为真正的白色。它通常用于校正图像中的色调变化和颜色。

校正图像的色调和颜色，请遵循以下步骤。

1. 选择【图像】>【自动色调】，自动设置图像的黑白点。图像会出现很大的变化，展示结果会随着源图像的不同而变化。

2. 选择【图像】>【自动颜色】，然后看看是否需要额外的校正。校正确实增强了这幅图像的颜色，但你会发现这个工具不适合所有的图像。如果这个工具使图像看起来更糟，则可以按快捷键 Ctrl+Z（Windows）或 Command+Z（macOS）撤销该步骤。

这两个工具确实在很大程度上修复了图像（图 2.16），但是图像仍然存在一些色差，需要花费大量的时间和精力来修复。当图像中有“不规则”的颜色时，你可以将其转换为黑白色，隐藏颜色问题。

图 2.16 Photoshop 中的自动校正工具可以改变图像的品质

现在，遵循“3S”原则，将这幅图像存储为 Web 所用格式，并命名为“nostalgia.jpg”。

2.3.5 转换为黑白图像

注意

选择【去色】命令也可以将图像中的颜色去掉，但你无法控制最终呈现的图像。为了达到理想的效果，最好使用【黑白】命令进行调整。

提示

【预览】选项将显示背景图像上的实时更改情况。

为了提高图像的品质，我们可以将色彩较弱的图像转换为黑白图像。这样做不仅可以进行颜色的转换，还可以让观察者将注意力集中在图像的内容上。黑白图像给人的感觉也非常不同，图像中的明暗交替之美会让人心情愉快。Photoshop 提供了许多将图像转换成黑白色的方法，而首选的方法是让你能完全控制如何以最终的黑白形式呈现图像的方法。

将图像转换为黑白色时，可以遵循以下步骤。

1. 选择【图像】>【调整】>【黑白】(图 2.17)。

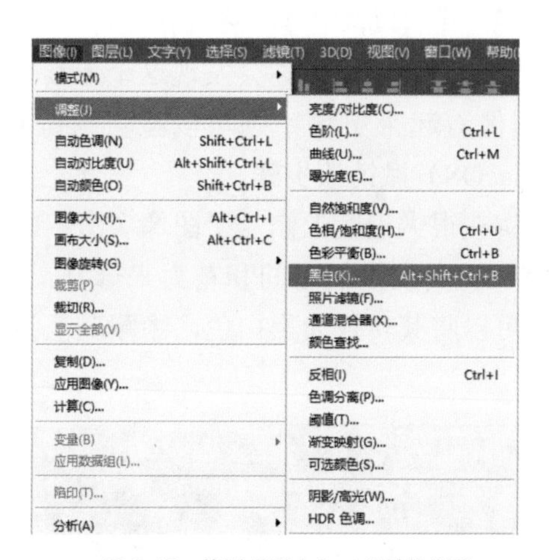

图 2.17 使用【黑白】工具转换图像

2. 单击【自动】按钮或选择【预设】下拉列表框中的选项。
3. 手动调整图像的每种颜色以达到你想要的效果（图 2.18）。有些图像在应用【自动】或预设效果后看起来会很棒，但是，一般情况下自己手动调整的效果更好。
4. 单击【确定】按钮，完成更改。

图像看起来很棒（图 2.19）。黑白图像给人一种怀旧的感觉，这张照片这样处理很合适。现在，根据“3S”原则，将图像存储为 Web 所用格式。

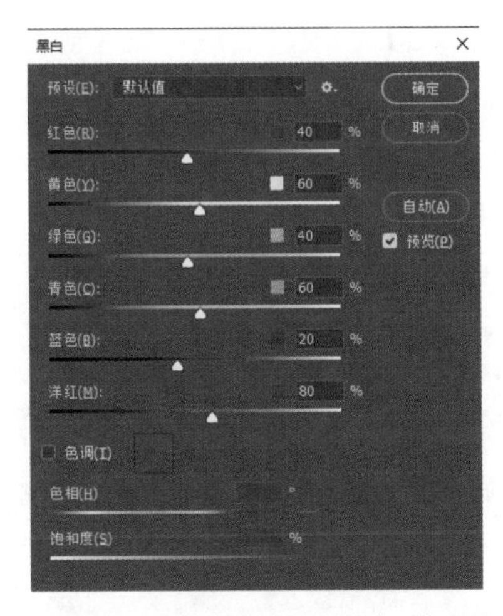

图 2.18 将图像转换为黑白图时，尝试调整每一种颜色，达到最优效果

图 2.19 将图像转换为黑白色，图像呈现的感情色彩更浓

2.3.6 缩减、锐化并存储编辑后的图像

和之前一样，你需要将图像存储为 Web 所用格式。因此，需要对图像进行缩减和锐化，但这一次，我们将使用一个新功能，可以很快地将图像导出为 JPEG 文件。设置新的“快速导出”命令时，首先要告诉 Photoshop“快速导出”使用的格式是 JPEG 而不是 PNG。

1. 选择【文件】>【导出】>【导出首选项】(图 2.20)。

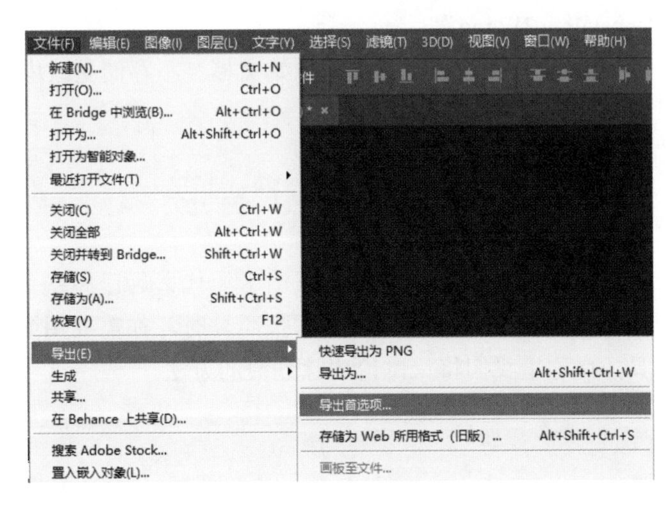

图 2.20 打开【首选项】对话框

2. 在【快速导出格式】部分选择【JPG】选项，然后单击【确定】按钮（图 2.21）。

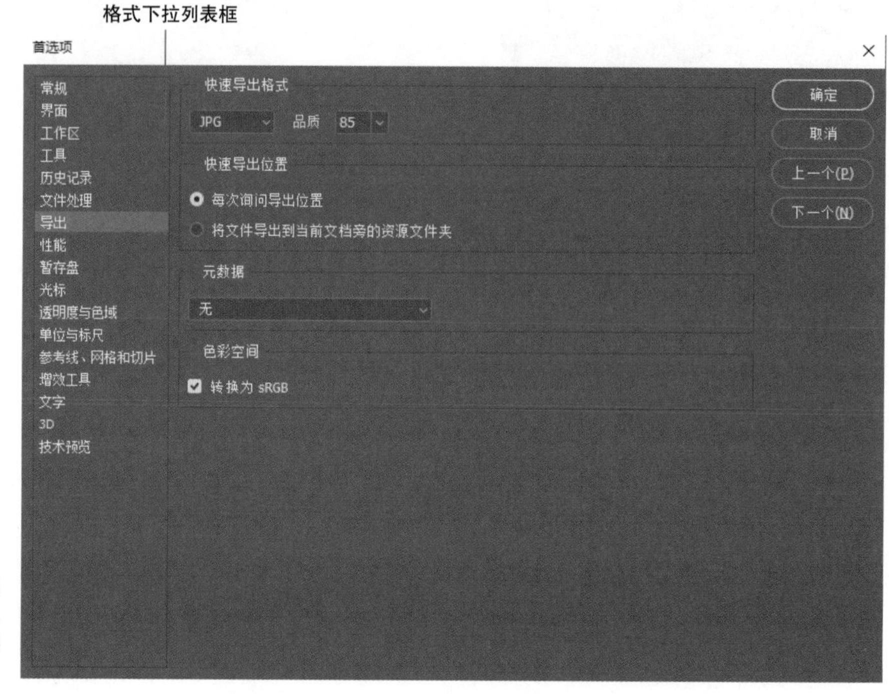

图 2.21 将【快速导出格式】设置为 JPG，可以快速导出 JPEG 格式的文件

以 JPEG 格式导出处理后的图像时，可以遵循以下步骤。

1. 选择【文件】>【导出】>【快速导出为 JPG】，并将图像命名为“nostalgiaBW.jpg”。

2. 在 Photoshop 中关闭原始文档，不存储更改内容。

2.4 清除灰尘和划痕

接下来，我们会看到一张由于年代久远已经褪色了的照片，而且照片上还有灰尘和划痕。修复这张照片时，你需要用到很多之前学过的工具，在这里我们将只讨论清除划痕的方法。

2.4.1 打开并旋转图像

首先，打开文件“204-AutoSet&DustScratch.jpg”，你会看到一幅上下颠倒的图像。选择【图像】>【图像旋转】>【180 度】，将图像旋转 180 度（图 2.22）。然后，使用【裁剪工具】，裁剪掉图像的边界和被撕破的角。

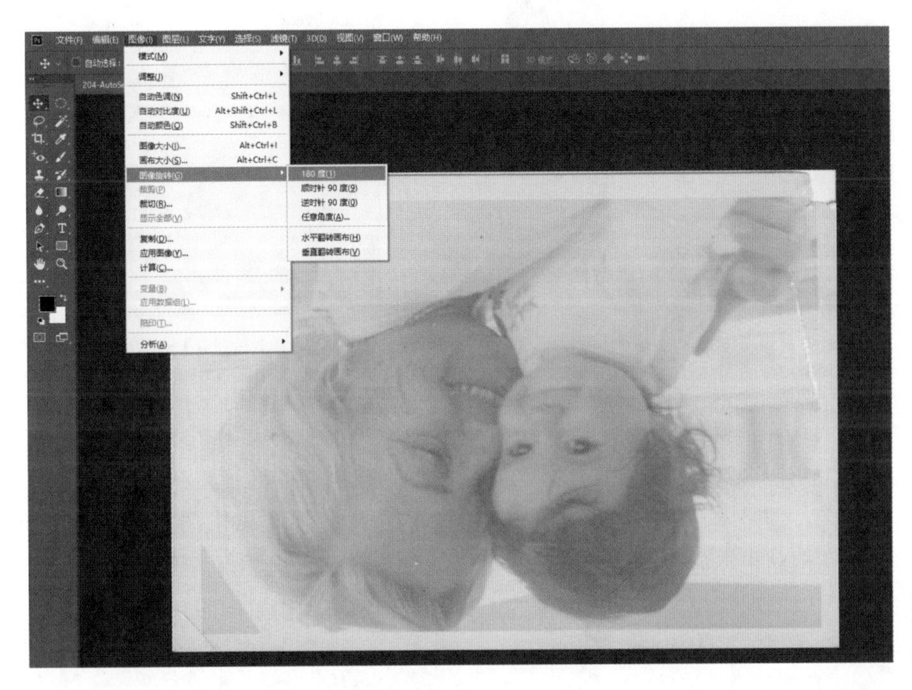

图 2.22 当图像上下颠倒时，使用【图像旋转】命令进行旋转

接下来，就是要清除图像上的灰尘和划痕了。图像中有很多小问题可以用这个工具轻松修正。

清除灰尘和划痕时，请遵循以下操作。

1．选择【滤镜】>【杂色】>【蒙尘与划痕】（图 2.23），出现【蒙尘与划痕】对话框。

2．设置【半径】和【阈值】。不同的数值产生的图像效果不同，不要纠结于技术细节，也不要觉得有“正确的方法”可以使效果更好。所谓的正确方法是得到你想要的结果！在这幅图中，我把【半径】设置为 4，把【阈值】设置为 21（图 2.24）。

3．单击【确定】按钮。

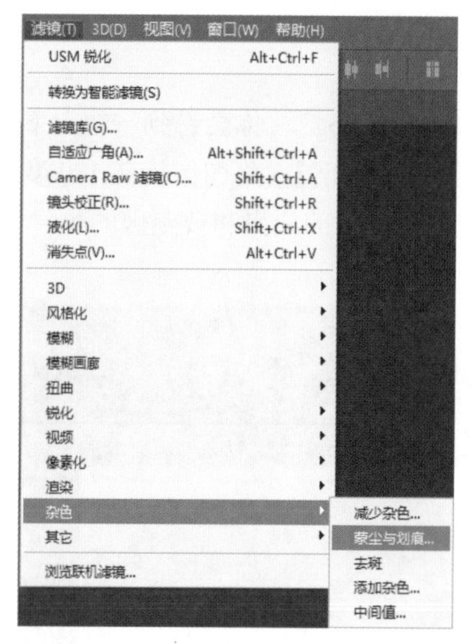

图 2.23 【蒙尘与划痕】是一个可以减少图像噪点的滤镜

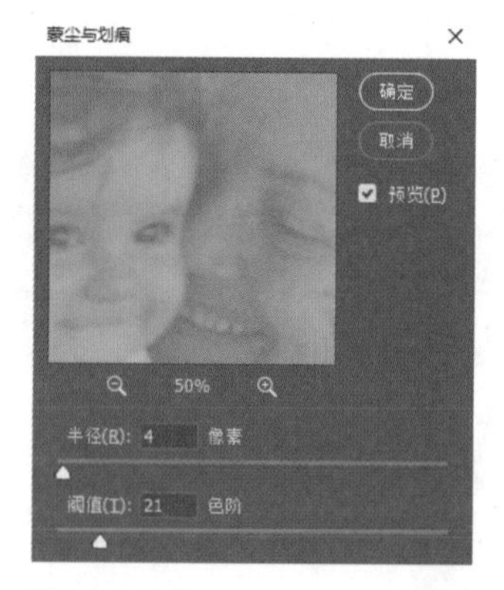

图 2.24 【蒙尘与划痕】对话框

通过以上操作，我们发现 Photoshop 在处理图像的蒙尘和划痕方面做得非常好（图 2.25）。这个工具不太灵活，因为它执行的任何更改都应用于整个图像。但是本章的重点是如何修复损坏的照片，所以采用了单击或通过一个对话框就可以修复图像的方法。为了让你更加深入地学习，下一章将讲解一些可以精准修复某一部分图像的工具，教你熟练地修复旧照片。

图 2.25 用 Photoshop 中的全图调整工具修复后的图像

2.4.2 缩减、锐化并存储图像

将图像缩减为1200像素，使用【USM锐化】滤镜进行锐化，并将图像存储为Web所用格式（或使用快速导出），将其命名为“dustscratch.jpg”。存储图像后，在Photoshop中关闭原始文档，不存储更改内容。现在，你可以把这幅图像发布到网上了。

2.5 美化图像

在本章中，我们已经学习了如何使用Photoshop的一些工具修复受损的照片，此外，你也可以使用这些工具美化照片。接下来，我们来学习如何利用这些工具将图像转换为视觉杰作（图2.26）。

图2.26 原图品质已经很好了，但是你稍微改进一下，便可以获得更显著的效果

2.5.1 使用【自动色调】改善图像

【自动色调】命令可以自动调整图像中的黑白像素比例，使图像呈现一个更完整的色彩和色调范围。你会觉得图像只有一点细微的变化，但这是一次改进，对图像的大多数更改应该是细微的。新手容易犯的一个错误就是让图像变化太大了。

2.5.2 提升图像的色彩

我们在大多数杂志和广告上看到的图像都是提升色彩之后的图像。图像很少能在“相机外”(Out of Camera，在设计领域，常简称为“OOC”)达到完美的平衡。尤其在广告界，常常会为图像添加一点额外的颜色。当客户对图像提出“pop（流行元素）”要求时，他们通常指的是提高图像的对比度、饱和度（Saturation）和自然饱和度（Vibrance）。增加饱和度可以均匀地提升所有的颜色，增加自然饱和度会让图像中颜色已经饱和的区域更柔和。

调整饱和度和自然饱和度时，请遵循以下操作。

1．选择【图像】>【调整】>【自然饱和度】(图 2.27)。

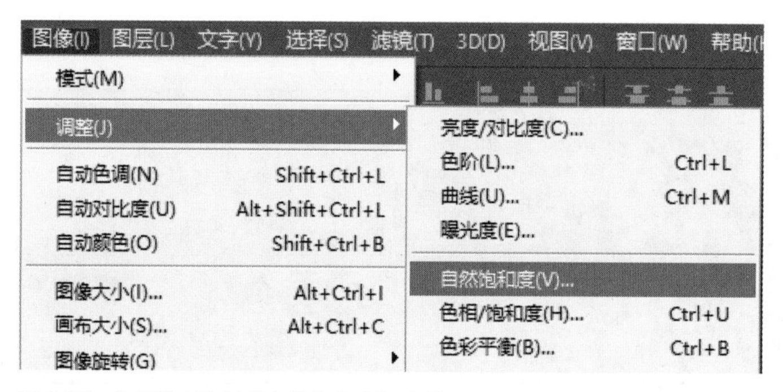

图 2.27 从菜单中选择【自然饱和度】选项

2．通过拖动滑块或输入具体的数值调整图像的【自然饱和度】和【饱和度】(图 2.28)。

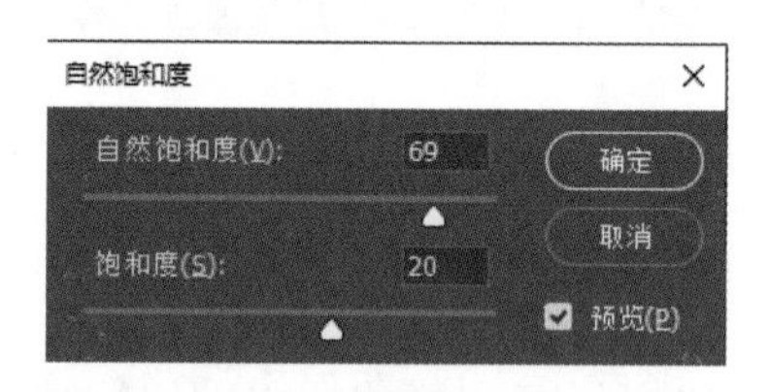

图 2.28 设置【自然饱和度】和【饱和度】

3．选择【预览】，比较原图和调整后的图像。

4．确定最终的版本，单击【确定】按钮，欣赏结果（图 2.29）。

图 2.29 最终的图像有点过于饱和，给人的感觉不是特别生动

2.5.3 缩减、锐化并存储图像

将图像的最大尺寸缩减到1200像素，使用【USM锐化】滤镜进行锐化，并将其存储为JPEG格式，命名为“grapes.jpg”。存储图像后，在Photoshop中关闭原始文档，不存储更改内容。

2.6 小结

通过本章的学习，相信你已经学会了一些快速修复图像的技巧，可以在Web或社交媒体上分享高品质的图像了。至此，你不仅学习了如何修复一些常见的图像问题，还学习了如何提升已经不错的图像的品质，使它更加完美。

本章介绍的工具和功能大多是相对自动化的。在这个过程中，你对图像进行了破坏性编辑；也就是说，你更改了图像信息，且后期无法对图像进行撤销或修改操作。破坏性编辑通常是指“快速且粗糙”地修复图像，可以在短时间内完成，之后不需要重新处理。

从下一章开始，我们将学习非破坏性编辑，这是一种更理想的工作方式。使用该方式对图像进行编辑后，可以删除或重做之前对图像所做的所有更改。破坏性编辑并不是不可取，只是灵活性低且不能将图像复原。

升级挑战：修复自己的照片

本书提供了一些额外的照片，有些是扫描过的旧照片，有些是直接从相机中取出来的，你也可以用自己的一些有问题的照片，使用本章学习到的工具和技巧修复这些照片。

- Level I：使用在本章中学习的方法修复照片，并将照片存储为 Web 所用格式。
- Level II：选择自己用手机或数码相机拍摄的照片，提升照片品质。
- Level III：扫描一张褪色的旧照片，修复它。

本章目标

学习目标

- 打开、修复并恢复损坏的照片。
- 为黑白照片上色。
- 创建、管理、排列图层。
- 输入、编辑、格式化字体。
- 组合并导出图层。

ACA 考试目标

- 考试范围 2.0
  项目设置及界面 2.4
- 考试范围 3.0
  管理文件 3.1、3.2 和 3.3
- 考试范围 4.0
  创建和修改视觉元素 4.1、4.2、4.4 和 4.5
- 考试范围 5.0
  使用 Adobe Photoshop 发布数字图像 5.1 和 5.2

第3章

照片修复与上色

在第2章中，我们学习了如何对整幅图像进行微调和修复。接下来，我们要深入学习Photoshop中的强大功能——图层。图层绝对是掌握Photoshop的关键。早在1995年，Adobe就在Photoshop 3中引入了图层。今天，几乎每个图像处理程序都会包含这个重要的数字成像创新功能。

图层的概念很容易理解，是一种把一些元素放在其他元素前面或后面的方法。当多个元素位于不同的图层上时，若你对某个图层上的元素进行操作，则不会影响另一个图层上的其他元素，即使这两个元素位于图像的同一个位置。

在本章中，我们将跳出自动修复图像的内容，学习一个新的内容——在图像中创建新元素。你会加深对已学概念的了解，并学习新的功能和工具。

在练习过程中请记住，理解每种工具的用途比使用该工具处理一幅具体的图像重要。你可以尝试使用这些工具处理自己的照片，它可能比编辑书中提供的这幅特定的图像要难一点，但从长远来看，这对你更有帮助。

3.1 修复受损的照片

★ ACA 考试目标 2.4

本章的案例很经典，我在教学过程中使用了很多年。在这个案例中，我们需要修复一张被撕破的、褪了色的旧照片（图3.1），然后将其变成彩色照片。与书中的其他所有项目一样，你在该项目中学到的技巧可以应用到其他项目中。

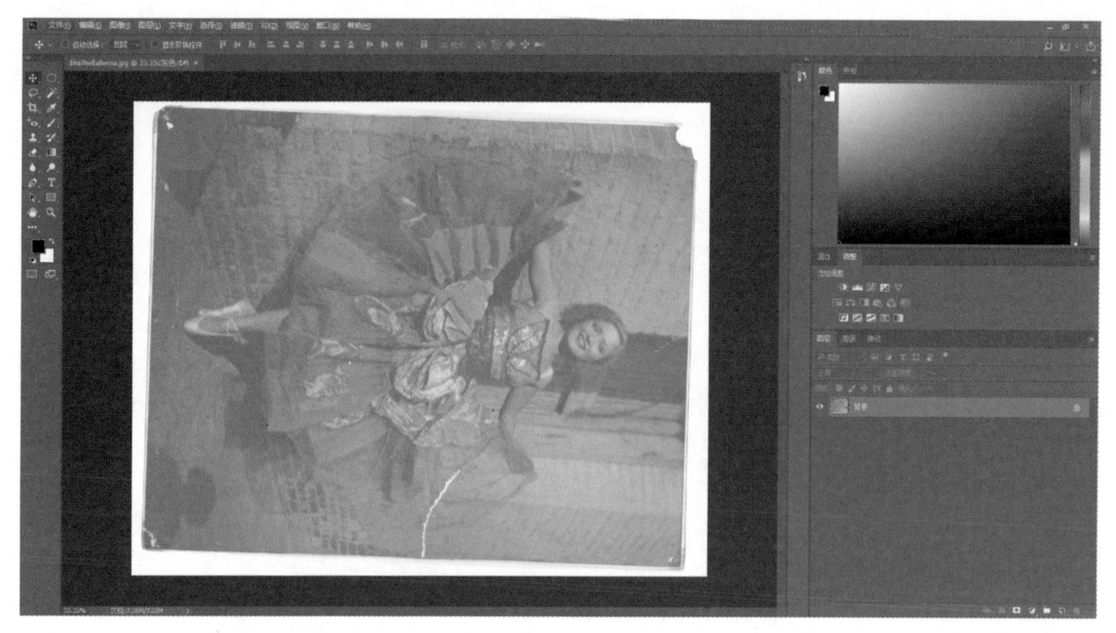

图 3.1 在本章中，我们将修复一张受损的照片，并将它从黑白色转换成彩色

首先，在第 3 章的下载文件夹中打开名为“EnaTheBallerina.jpg”的照片，你会发现修复这张照片的工作量比较大。（修复有近百年历史的照片的工作量也很大。）我们先花点时间检查一下照片，然后考虑该如何修复。

我对这张照片的修改会超出你的想象。数字艺术家的眼睛是最有价值的工具。一名有经验的艺术家会花时间来观察和思考，然后进行编辑。我们要提高自己的观察和分析能力，不要太过专注于将要做的事情，以至于忽略了行动之前的重要一步——思考并决定需要做什么。大多数 Photoshop 教程都会让你直接去修复图像，但是对于一名 Photoshop 艺术家来说，在开始工作之前进行思考才是首先要做的事情。

升级挑战：像艺术家一样观察

通过阅读本书和观看相关教学视频，你会学会很多重要的技巧，但是知道什么时候应用这些技巧也很重要。花 60 秒的时间去思考、分析、确定你的出发点是一种有效的方法。

这种方法称为“正念”或者“觉察”。在你决定如何解决某个问题之前，你需要花时间去真正地观察。

- Level I：观察图像，思考需要怎么做。
- Level II：和朋友一起讨论图像，他观察到的内容你忽视了吗？你该如何在未来的项目中避免这个盲点？
- Level III：找到另外一幅受损的图像，使用在本章中学习到的工具和技巧修复图像。由于你自己找的图像需要修复的内容不同，因此没有相关的指导教程。

3.1.1 旋转并拉直图像

有时候，很多图像需要旋转，也需要拉直。旋转并拉直图像比单纯地旋转图像难一些，因为你需要在图像中找到一个直边作为参考，再对图像进行拉直。在这个项目中，我们将用到【裁剪工具】的一个功能，将图像自动拉直。

将图像旋转为垂直的图像，可以遵循以下操作。

1. 选择【图像】>【图像旋转】，注意【图像旋转】子菜单中的选项。

2. 选择【逆时针 90 度】选项（图 3.2），旋转芭蕾舞者图像。

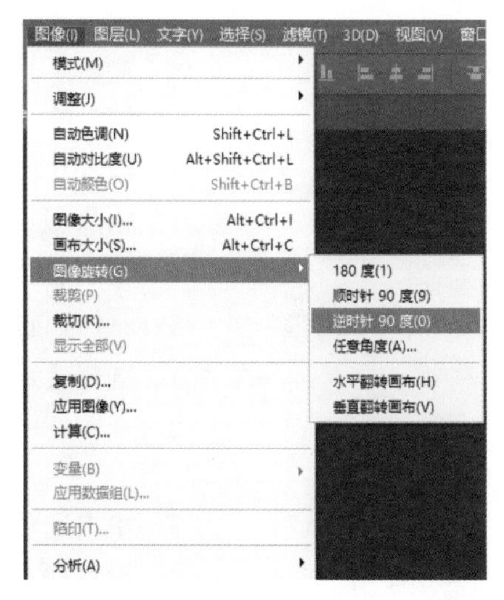

图 3.2 选择【图像】>【图像旋转】>【逆时针 90 度】选项

裁剪并拉直图像

★ ACA 考试目标 4.4

在处理扫描的图像时，常会出现图像不正的问题。如果照片放在扫描仪上的位置不当，就会发生这种情况，通常表现为可以在图像周围看到白色一圈，Photoshop 无法自动处理这个问题。

在接下来的练习中，你可以使用【裁剪工具】中的【拉直】功能，简单几个步骤就可以自动拉直并裁剪图像。

【裁剪工具】的选项栏中有多个功能选项（图 3.3）。

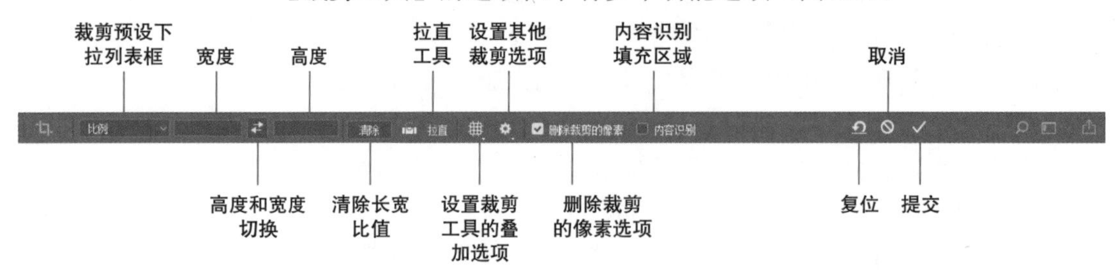

图 3.3 【裁剪工具】的选项栏

- 选择预设裁剪尺寸：根据长宽比或尺寸和分辨率进行选择。
- 输入或切换宽度和高度：输入尺寸或单击箭头来切换宽度和高度。
- 清除设置：清除宽度和高度的手动设置。
- 拉直图像：使用图像中的水平或垂直直边拉直图像。
- 裁剪工具叠加选项：可以进行构图辅助，如【三等分】、【黄金比例】或【金色螺旋】等。
- 设置其他裁剪选项：调整【裁剪工具】的操作方式。
- 删除裁剪的像素：破坏性地删除裁剪过的像素，或者取消选择它，非破坏性地裁剪像素。

★ ACA 考试目标 3.3

裁剪并拉直图像时，可以遵循以下操作。

1. 选择【裁剪工具】。

2. 在图像中确定一个垂直或水平的边，如建筑物的侧面或标志物的顶部。

3. 单击选项栏中的【拉直】按钮。

4. 沿着你选择的垂直或水平参考物拖动出一条线来。

5. 松开鼠标，图像被拉直，把边缘裁剪掉。

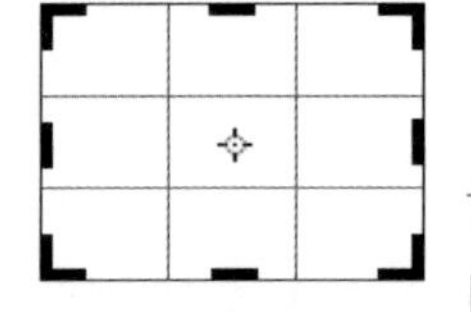

图 3.4 拖动裁剪框的边或角上的手柄，调整裁剪的部分

6. 如果你需要裁剪更多，拖动裁剪框的边或角上的手柄（图 3.4），调整需要裁剪的部分。（不要裁剪掉被撕破的角，我们接下来会处理这个问题。）

7. 在选项栏中，单击按钮或按 Enter 键，裁剪图像。

使用【裁剪工具】自动拉直和裁剪图像可以很好地修复地平线弯曲

的照片或建筑倾斜的照片。【裁剪工具】不仅可以用于不规则的扫描图像，还可以用于其他多种类型的照片，使用它可以节省大量的时间。

3.1.2 手动调整色阶

★ ACA 考试目标 4.5

在业内人士看来，这张照片“很模糊”。随着时间的推移，许多老照片褪色了，对比度和黑白色阶改变了。修改黑白色阶时，可以自动或手动调整图像的色阶。如果你对图像的调整幅度稍微大一些，则手动调整效果最好。

提示

你可以在【色阶】对话框中单击【自动】按钮，由系统自动设置图像的黑白色阶。

1. 选择【图像】>【调整】>【色阶】(图 3.5)，或者按快捷键 Ctrl+L（Windows）或 Command+L（macOS）。

注意

直方图是指图像中各色调的像素分配比例图。

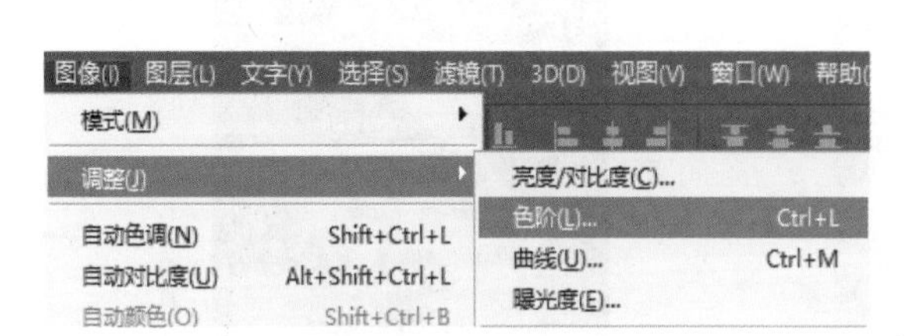

图 3.5 【调整】菜单中的【色阶】选项

2. 在【色阶】对话框（图 3.6）中，选择【预览】，这样你就可以看到图像的变化。

3. 向右拖动黑色的阴影输入滑块，到达直方图的起点位置，如图 3.6 所示。

4. 将高亮输入滑块向左拖动到直方图的终点（图 3.6）。

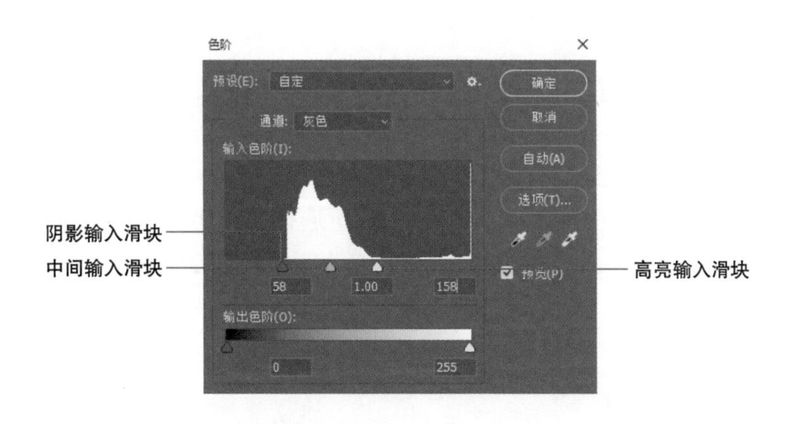

图 3.6 【色阶】对话框用于调整图像中的黑白色阶

5. 向左或向右拖动中间输入滑块，调整图像的中间色阶。

6. 单击【确定】按钮，完成色阶调整。

你可以通过调整图像的色阶来调整图像（图 3.7）。通过直方图可以看出图像的曝光是否均匀。记住，有些图像的直方图应该是不均匀的，以强调一种感情色彩，因此调整色阶时，你需要考虑到图像的用途和意图。在亮部区域信息较少的图像称为“低调（Low Key）”图像，在暗部区域信息较少的图像称为“高调（High Key）”图像（图 3.8）。

图 3.7 经过旋转、裁剪（拉直）、调整色阶之后，图像与原图有很大的变化

图 3.8 每幅图像的不平衡直方图增强了图像的效果。“低调”图像（左）是黑暗、忧郁的，而“高调”图像（右）是明亮、鲜艳的

3.1.3 使用“内容识别填充”功能

“内容识别填充”功能可以删除图像中被选中的对象，Photoshop 会自动填充被选中的区域。该功能会分析所选像素周围的区域，然后用相似的像素填充所选区域。你可以使用该功能填充图 3.9 的左上角，重新“造”一堵墙。

图 3.9 “内容识别填充”是一个很棒的功能，可以根据图像周围的数据填充大块区域

使用“内容识别填充”功能时，可以遵循以下操作。

1. 使用【套索工具】，拖动并选择要填充的图像区域。在本项目中，选择图像中被撕破的角。

2. 选择【编辑】>【填充】（图 3.10）。

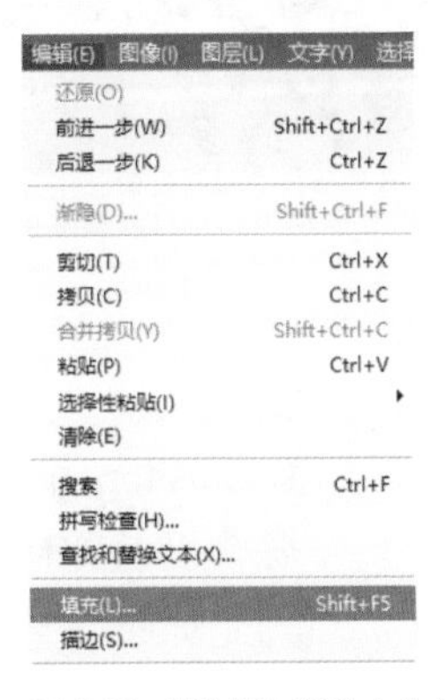

图 3.10 【编辑】菜单中的【填充】选项

3. 在【填充】对话框中，从【内容】下拉列表框中选择【内容识别】选项（图 3.11）。

在【填充】对话框中，选择【颜色适应】可以将颜色混合成渐变色（如日落）或混合该区域的色差。

4.【混合】区域的设置遵循默认设置（【模式】为“正常”，【不透明度】为“100%”）。

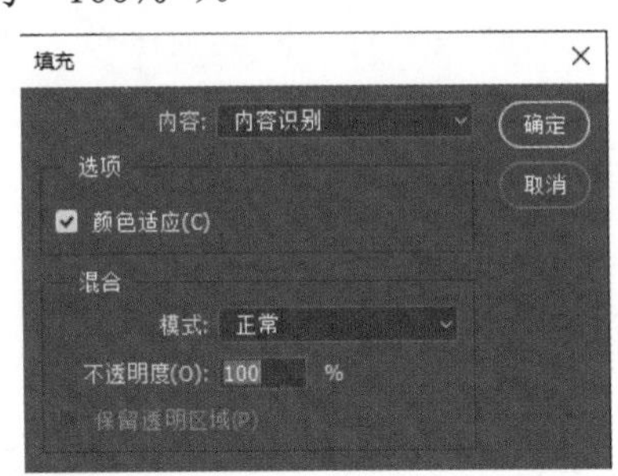

图 3.11 在【填充】对话框中，选择【内容识别】

5. 单击【确定】按钮。

填充完缺失的左上角之后，你可以使用“内容识别填充”功能尝试对图像右下角的阴影和其他需要注意的大区域进行处理（图 3.12）。

图 3.12 使用“内容识别填充”可以移除撕裂的地方和摄影师的影子

使用“内容识别填充”功能对图像进行操作非常简单，但是要注意，Photoshop 并不总是能够分辨出哪些像素应该被保留、哪些像素应该被删除，以及如何正确地将这些像素混合到图像中。

如果在某个特定的任务中，“内容识别填充”功能没有发挥作用，可以按快捷键 Ctrl+Z（Windows）或 Command+Z（macOS）撤销操作。试着选择一个与前面所选的区域略有不同的新区域。如此一来，Photoshop 会重新运用“内容识别填充”功能对图像进行修复。如果这样仍然不行，你可以尝试下一个方法——使用【污点修复画笔工具】。

3.1.4 使用【污点修复画笔工具】美化图像

从图像中删除大型对象或元素时，“内容识别填充”是最佳解决方案，但是对于较小的标记和划痕来说，最好的工具是【污点修复画笔工具】（图 3.13）。这个工具可以快速、轻松地修复图像中的瑕疵。

使用【污点修复画笔工具】修复图像时，请遵循以下操作。

1．选择【污点修复画笔工具】。

2. 通过左、右方括号键（“[” 和“]”）调整鼠标指针大小。在本项目中，你可以将鼠标指针大小调整为裂缝大小，这样单击就可以修复图像。

图 3.13 使用【污点修复画笔工具】轻松消除被撕裂处和划痕

当你调整画笔的大小时，画笔的大小显示为鼠标指针大小。按大写锁定键可以将鼠标指针切换为“十”字线鼠标指针。这不是一个漏洞，而是一项功能，如果你不小心按了它，不要感到惊讶！

提示

移动图像时，按住空格键即可激活【抓手工具】，此时再按住鼠标左键拖动就可以轻松移动图像了。

3. 将鼠标指针放在要从图像中移除的元素上，然后拖动鼠标，松开鼠标左键时，系统将尝试修复图像（图 3.14）

图 3.14 在特定区域使用【污点修复画笔工具】时，该部分区域将被覆盖

在图像上拖动【污点修复画笔工具】时，会显示被覆盖区域的预览。当你松开鼠标时，它会试图修复图像中的问题。

使用【污点修复画笔工具】修复图像上的其他问题，最终效果如图 3.15 所示。

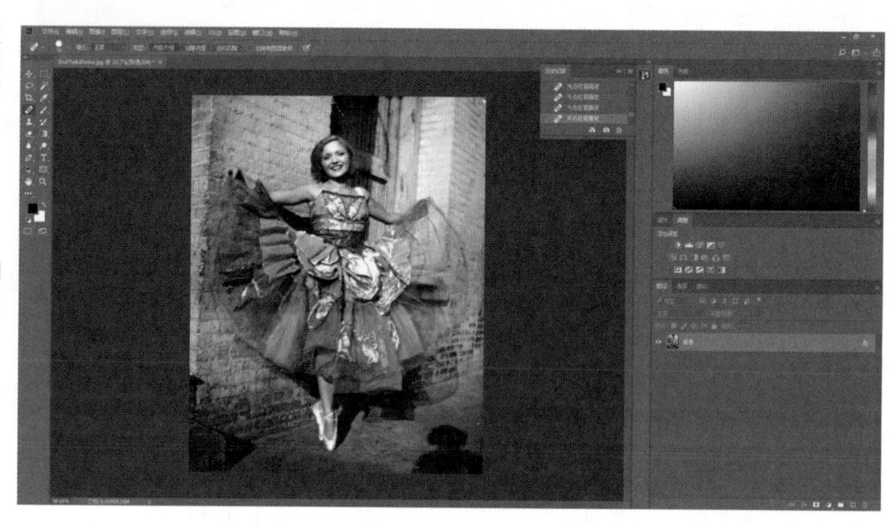

图 3.15 瑕疵被修复之后的效果。与原图相比，现在的图像看起来好了很多

提示

【污点修复画笔工具】很智能，但是并不完美。就像“内容识别填充”功能一样，如果使用工具后的效果不是你想要的，则可撤销上一步操作再重试一遍。有时候画的方向不同也会产生不同的效果。

3.2 锐化并存储

虽然对这幅图像的美化工作还没有结束，但是现在我们该保存一下了。这么多年来，以我的经验，保存文件的最佳时间是你已经做了足够多的工作而不想丢失它的时候。如果你不经常保存，最终你会为丢了长期的辛苦工作内容而哭泣，所以要养成常保存的习惯。

3.2.1 使用【USM 锐化】锐化图像边缘

在存储图像之前，应该使用【USM 锐化】滤镜快速锐化图像边缘。请记住，这个滤镜会使图像中的大部分内容保持平滑，只把图像的边缘锐化。

采用【USM 锐化】滤镜，可以遵循以下操作。

1. 选择【滤镜】>【锐化】>【USM 锐化】。
2. 在【USM 锐化】对话框中，尝试以下设置（图 3.16）。

- 数量：100%。
- 半径：2 像素。
- 阈值：5 色阶。

3．选择和取消选择【预览】，对比锐化后的图像和原始图像。

4．单击【确定】按钮，锐化图像。

图 3.16 【USM 锐化】对话框

3.2.2 将图像存储为 PSD 格式

接下来，把这幅图像存储为 Photoshop 文档。本章的最后将进一步说明这种格式的优点。现在你只用知道当你使用 Photoshop 工作时，最好的存储格式是“Photoshop（PSD）”格式。

将图像存储为 PSD 格式，可以遵循以下操作。

1．选择【文件】>【存储为】。

2．在【文件名】（Windows）或【存储为】（macOS）文本框中，输入文件名“BallerinaBW.psd”。

3．从【保存类型】下拉列表框（Windows）或【格式】下拉列表框（macOS）中选择【Photoshop（*.PSD；*PDD；*.PSDT）】选项。

4．选择想要保存文档的位置。

5．单击【保存】按钮。

到目前为止，你已经学会了很多 Photoshop 的神奇功能，但是你所学到的都是美化图像或将图像修复到以前的状态的功能。下面我们将学习如何把图像变成新的东西。在这个项目中，我们将为黑白图像增添色彩。

3.3 为黑白图像上色

本节将介绍如何为图像添加颜色。但是如果你尝试过，你会发现现在是没有办法为图像上色的。如果你现在从工具面板中选择一种颜色，则你将看到该颜色会转换为最接近的灰色阴影。这是因为图像的颜色模式不对。

3.3.1 选择颜色模式

颜色模式（又称为图像模式或颜色空间等）决定了使用 Photoshop 创建的图像的颜色模型。在 Photoshop 中处理图像最流行的颜色模式是 RGB。这是 Photoshop 默认的颜色模式，也是所有数字设备和图像最常用的颜色模式。CMYK 颜色模式在印刷工作中很受欢迎，因为商业印刷过程中会使用这 4 种颜色进行印刷。

在第 4 章中，我们将深入探索颜色和颜色模式，现在你只要知道颜色模式的存在，并懂得如何从一种颜色模式切换到另一种颜色模式就行了。我们之前处理的图像属于灰度模式，所以我们不能在上面应用其他颜色。接下来我们把这幅图像转换成 RGB 颜色模式。在 Photoshop 默认的颜色模式下，我们可以使用大多数工具。

将图像转换为 RGB 模式时，可以遵循以下操作。

1. 选择【图像】>【模式】>【RGB 颜色】。

2. 查看文件窗口顶部的标题栏。现在名称后面显示 RGB/8，这样就表示图像颜色模式已经被转换了（图 3.17 和图 3.18）。

图 3.17 灰度颜色模式下，文件窗口的标题栏

图 3.18 RGB 颜色模式下，文件窗口的标题栏

毫不夸张地说，你已经打开了一个新世界！

在这里你要学会的最重要的一点是，除非你有特殊的需求，否则应始终使用 RGB 颜色模式。即使是为了打印而设计的时候，你最好也还是在 RGB 颜色模式中完成大部分工作，因为在 RGB 颜色模式下编辑图像时能够使用的工具最多。如果文件是用于商业印刷的，则你可以在最后将图像转换成 CMYK 颜色模式，我们将在第 4 章中详细讨论这个过程。

★ ACA 考试目标 3.1

3.3.2 使用图层

接下来，我们将使用图层分别处理图像的不同区域。图层可以让我们在调整一个区域的颜色时不影响图像的其余部分。有了图层，你可以将一个图像分割成多个单独的元素，并单独调整每个元素的定位、显示以及与图像中其他图层上的元素的混合方式。

Photoshop 是第一个引入图层概念的图像处理应用程序，自最初引入以来，图层已经有了很大的发展。理解图层概念时，你可以将图层想象成一堆堆叠起来的玻璃。每一层玻璃都可以移动到其他层的上面或下面，玻璃上的图像可以以各种方式与其他图层的图像混合。在 Photoshop 中，图层面板可以帮助你创建和修改这些图层（图 3.19）。

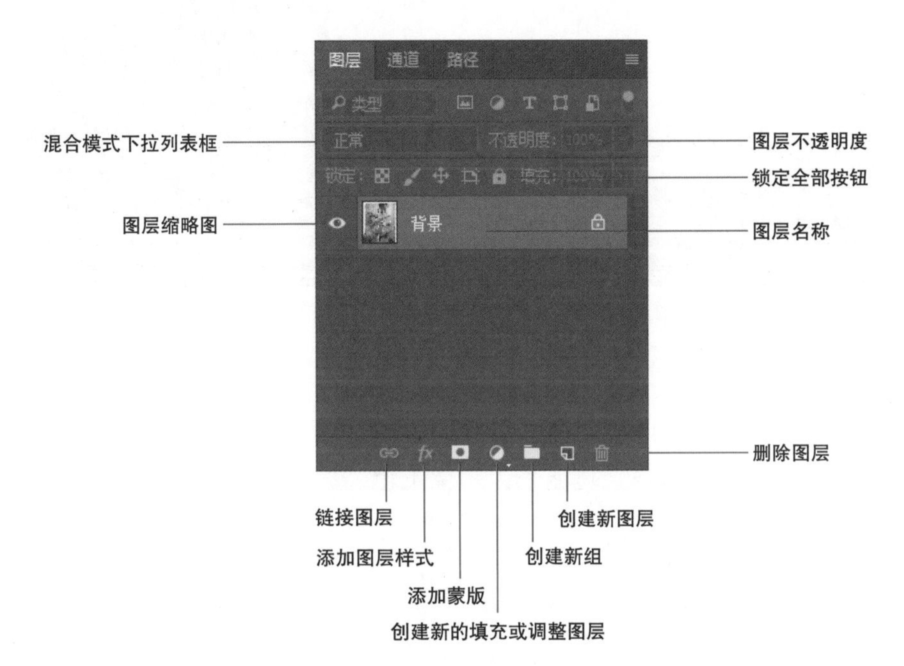

图 3.19　图层面板

在 Photoshop 上浏览图像时，我们实际上是从上往下看这些“玻璃”。在图层面板中，这些“玻璃”会从上到下出现在列表中。图层在列表中的位置越低，说明图层上的图像在显示时越靠后。这是很重要的一点，因为图层的堆叠顺序决定了什么是可见的，什么是隐藏在其他图层内容后面的。

添加新图层的操作步骤很简单。在默认设置下，要想在图像中添加新图层，可以单击【创建新图层】按钮。

新建图层并为其命名的步骤如下。

1. 选择【图层】>【新建】>【图层】，或按快捷键 Ctrl+Shift+N（Windows）或 Command +Shift+N（macOS）。

提示

新的图层总是被放置在当前选择的图层的上方。如果图像有多个图层，你可以选择想要直接放在新图层下面的图层，然后创建新图层。

2. 在【名称】文本框中输入新图层的名称（通常与其用途相关，如“文字”）。现在不要担心其他设置。

3. 单击【确定】按钮，创建图层（图 3.20）。

新图层会出现在图层面板上当前选择的图层的上方（图 3.21）。

注意

确保你为每一种你想要尝试的颜色都单独设置了一个图层，这可以让你在不改变其他颜色的情况下分别美化图像中的每一种颜色。

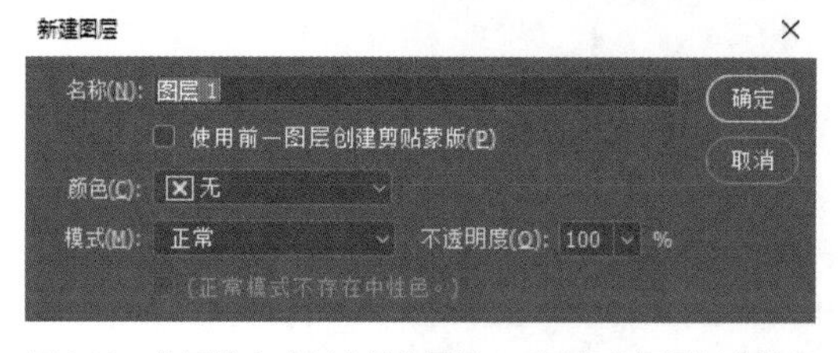

图 3.20 使用该方式创建新的图层，可以调整新图层的设置

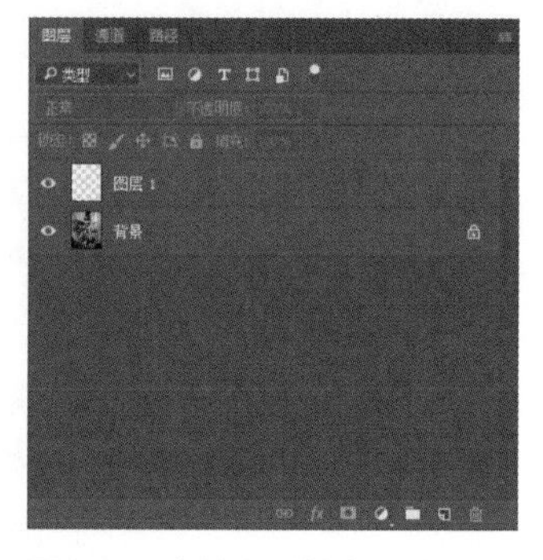

图 3.21 在图层面板中，【图层 0】上面出现了新图层

★ ACA 考试目标 3.3

★ ACA 考试目标 4.1

创建完新的图层后，就可以开始为图像添加颜色了。下面的练习将使用混合模式的强大功能来为图像上色，并且将详细讨论所有这些步骤。

3.3.3 为图像上色

为图像上色时，最好每种颜色都有单独的图层。这样修改某种颜色时就不会影响其他颜色，而且避免了很多麻烦。接下来将画出芭蕾舞者的肤色。在这部分，重点是了解【画笔工具】，并学习如何精准使用【画笔工具】。在这个项目中，你会学习到设计师每天使用【画笔工具】时应用的大部分技巧。

使用【画笔工具】时，可以采用以下步骤。

1. 从工具面板中，选择【画笔工具】（图 3.22）。

2. 在工具面板中，单击【设置前景色】按钮（图 3.22）。

3. 在【拾色器（前景色）】对话框中，选择一个看起来接近肤色的颜色（图 3.23）。

在该步骤，首先单击渐变条（它位于颜色区域的右面，看起来像垂直的彩虹），选择大体的颜色，然后在左边的大块渐变颜色中选择颜色的深浅。颜色是可以改变的，所以颜色的深浅和色调不是关键。

4. 单击【确定】按钮，选择该颜色。

5. 在图层面板中，选择你想要绘制的图层。在本项目中，应该选择【图层 1】。

如果图层被激活（选择），则会以浅灰色突出显示。你所进行的所有编辑工作都只会应用于激活的图层（图 3.24）。

6. 在选项栏中，调整画笔的【大小】和【硬度】，或按左、右方括号键（“[” 和 “]”）来调整画笔的大小。鼠标指针表示画笔的大小。

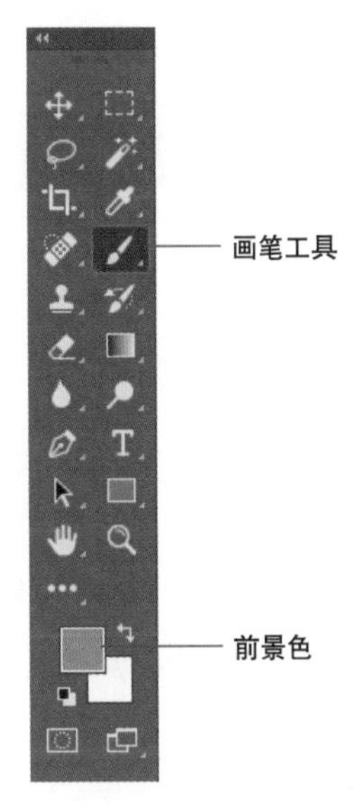

图 3.22　选择【画笔工具】和单击【设置前景色】按钮

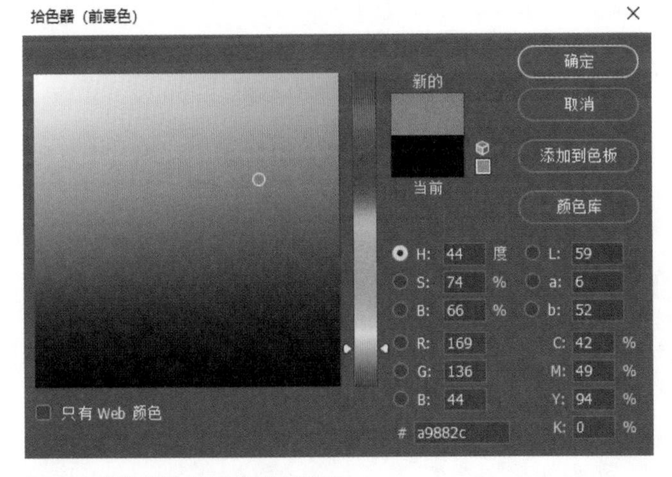

图 3.23　【拾色器（前景色）】对话框

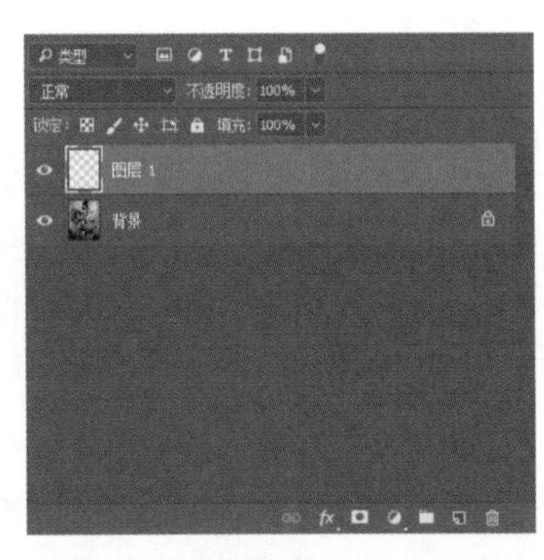

图 3.24　在图层面板中，【图层 1】处于激活状态

画笔的硬度决定了画笔从其中心点开始羽化的程度。硬度为 100% 的画笔没有羽化，硬度为 0% 的画笔羽化程度最高（图 3.25）。

注意

在画笔预览鼠标指针下，鼠标指针表示画笔的大小和笔尖，当精确的鼠标指针被启动时，鼠标指针看起来像“十”字。如果画笔不能反映大小变化，请尝试按大写锁定键，返回画笔预览鼠标指针。

警告

你可能想马上修改颜色，但千万不要这样做！请记住重要的一点，整个图层上的颜色要均匀，这样你才能均匀地调整颜色和混合模式。

图 3.25 不同的画笔硬度所呈现的不同效果

7. 在图像中，用画笔在芭蕾舞者的皮肤上进行绘制，她的皮肤呈现出肤色。

你会注意到，当你开始给图像上色时，画笔画过的地方是不透明的，这看起来很糟糕。它看起来不应该是这个样子的——人不应该被覆盖！为了找到合适的颜色和设置，你首先需要用不透明的颜色绘制芭蕾舞者。但这样你很难看到你要上色的地方，因为图像被盖住了。让我们看看如何在不盖住图像的情况下使颜色融入图像。

★ ACA 考试目标 3.2

3.3.4 调整图层的设置和颜色

芭蕾舞者被前景色覆盖的原因是图层设置了【混合模式】和【不透明度】。一个图层的混合模式决定了该图层如何与它下面的图层混合，一个图层的不透明度值决定了该图层的不透明或透明程度。一个不透明度为 100% 的图层是完全不透明的，并且是实心的；而不透明度为 0% 的图层上的所有元素都是透明的。

提示

许多艺术家会在不同的混合模式中切换，看看自己喜欢哪一种。 在 Windows 操作系统中，只需按向上和向下箭头键就可以切换混合模式。在 macOS 操作系统中，选择【移动工具】，按 Shift 和“加号（+）”键或者 Shift 和“减号（-）”键来切换混合模式。

如果要将该图层混合成理想的效果，并把颜色调整得更加自然，你需要调整【混合模式】和你选择的颜色。

第一步是改变图层的混合模式，将挑选的颜色与图像混合，同时查看图像效果。我们将在下文学习有关颜色的知识，这可以帮助我们精确地为皮肤区域上色。

1. 在图层面板中，选择你想要编辑的图层。

2. 从图层面板顶部的下拉列表框中选择一种混合模式。针对本项目，选择【叠加】混合模式（图 3.26）。

图 3.26　在图层面板中选择的混合模式改变了该图层与下面图层之间的混合方式

3．拖动不透明度滑块或在文本框中输入一个值，设置所需的透明度（图 3.27）。

你可以看到，该项操作可以使图像达到你所期望的效果。然而，我选择的橙色放在芭蕾舞者身上显得太重了。这种情况很常见，设置颜色时并不会一次成功。当你完成上色后，你还需要对颜色进行修正，但此时重要的是完成皮肤色调的绘制，以确保在芭蕾舞者皮肤上的颜色是一致的。

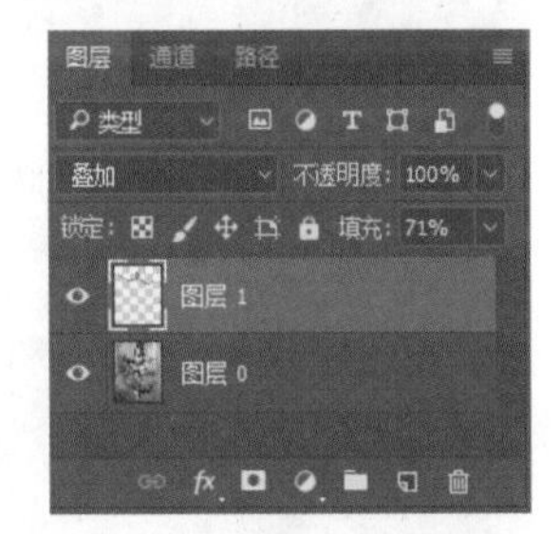

图 3.27　调整图层的不透明度

3.3.5　纠正错误

★ ACA 考试目标 3.3

★ ACA 考试目标 4.1

至此，你已经完成了芭蕾舞者的皮肤层的设置。不要担心画得太过了，因为你可以轻松地纠正错误。这时候需要重点关注的是图层。如果你直接在芭蕾舞者的图层（背景图层）上上色或擦除，则你将会破坏原始图像。对皮肤颜色的处理都应该限制在【图层 1】上。

【橡皮擦工具】的使用方法和【画笔工具】一样，唯一的区别是它的作用是从图层上移除信息，而不是增添信息。这两个工具的设置是一样的，操作步骤也是一样的。

提示

放大后的图像更容易处理。图像放大时，你可能需要移动图像。按下空格键即可暂时切换到“抓手工具”，以平移图像。

1．在工具面板中，选择【橡皮擦工具】。

2．在选项栏中，设置橡皮擦的大小和硬度。

3．在图层面板中，选择你想要的图层。

4．将鼠标指针移到你想要擦除的像素上。

同样请注意，图层在激活时会突出显示，你所做的任何更改只会影响激活的图层。

一定要给所有曝露在外的皮肤区域上色（图 3.28）。这点是很重要的，因为当你在接下来的练习中调整颜色时，该图层上的所有颜色都会立刻改变。

图 3.28 皮肤的颜色不太自然，但重点是要让颜色均匀地覆盖在皮肤区域

3.3.6 换颜色

★ ACA 考试目标 4.5

每次做这样的项目时，你都会想要调整图层的颜色。这就是为什么要把你使用的每种颜色放在单独的图层上，否则当你调整一种颜色时，你也会调整该图层上的其他颜色。如果图层上既含有恰当的颜色，也含有不恰当的颜色，那么你在修复不恰当的颜色时，会毁了恰当的颜色！

1．在图层面板中，选择你想要调整的图层。

2. 选择【图像】>【调整】>【色相 / 饱和度】，或者按快捷键 Ctrl+U（Windows）或 Command+U（macOS）。

3. 在【色相 / 饱和度】对话框中，选择【预览】，实时观看背景中的图像变化（图 3.29）。

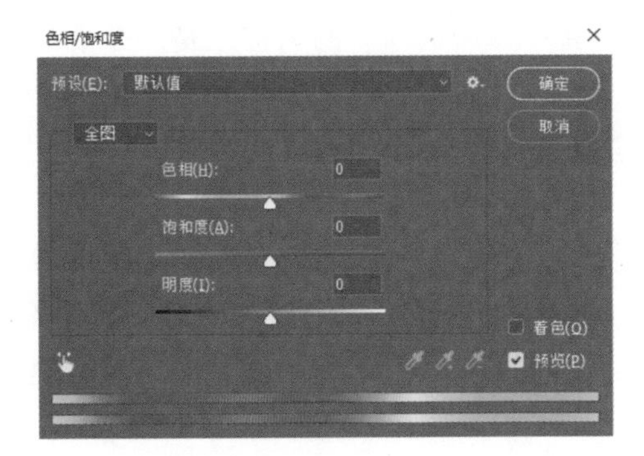

图 3.29 【色相 / 饱和度】对话框

4. 调整图像的【色相】、【饱和度】和【明度】（图 3.30）。

- 【色相】调整的是被选中区域或图层的颜色。
- 【饱和度】调整的是被选中区域或图层的颜色饱和度或鲜艳程度。
- 【明度】调整的是被选中区域或图层的明暗程度。

5. 单击【确定】按钮，进行更改。

图 3.30 选择【预览】，改变颜色时可以随时预览图像的可视化效果

3.3.7 图层命名

★ ACA 考试目标 3.1

除了为每种颜色创建一个新图层之外，为每个图层赋予一个描述性

的名称也是一个明智的做法，这样方便以后查找。在操作过程中，用不了多久就会出现很多个图层，你很难记住【图层 1】、【图层 2】、【图层 3】或【图层 4】中分别是什么颜色。

注意

你必须双击图层名称才能对其重命名，双击图层的其他区域会执行其他不同的操作。

你可以在新建图层时为其命名，也可以在其他任何时候为图层命名。要在创建图层时命名，可以在【新建图层】对话框中输入名称（图 3.31）。要对图层重命名，可以在图层面板中双击图层名称，输入新名称，然后按 Enter 键（Windows）或 Return 键（macOS）（图 3.32）。为图层添加描述性的名称后，你就可以快速找到自己要处理的图层了（图 3.33）。

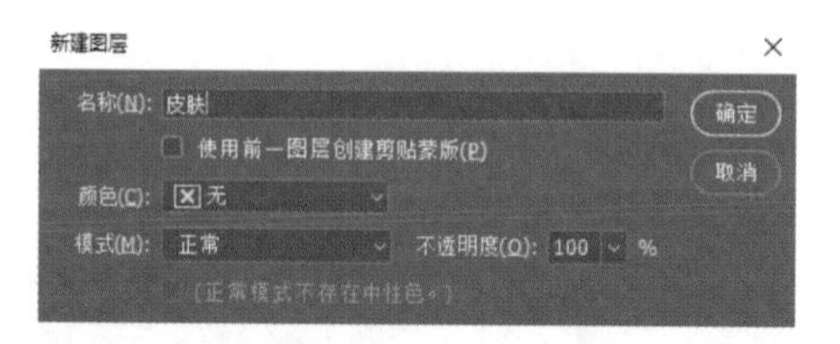

图 3.31　在【新建图层】对话框中为图层命名

图 3.32　在图层面板中重命名图层

图 3.33　为每个图层命名完之后，每个图层中的元素就一目了然了

3.3.8 添加更多图层和颜色

★ ACA 考试目标 3.1

现在，你已经学会了如何为图像上色，接下来，试着为图像的其余部分上色吧。我的祖母告诉我，这条裙子（图 3.33）应该看起来像一朵背景为银色的红玫瑰，但你可以随意选择你喜欢的颜色。Photoshop 是关于艺术表达的，而不是复制数字来为图像上色的。

升级挑战：芭蕾舞者任务

你可以在该项任务中进行大量的自由创作，从很多方面挑战自己。

- Level I：为芭蕾舞者上色（不要忘记她的嘴唇和头发），将她的裙子设置为一种颜色。
- Level II：为芭蕾舞者上色并将裙子设置为 3 种颜色或更多颜色。
- Level III：为整幅图像上色，不要留有任何黑白的区域。

★ ACA 考试目标 3.1

管理图层

有些 Photoshop 项目可能会有几十个甚至几百个图层。管理图层就像管理计算机上的文档一样。Photoshop 允许你对图层进行分组，管理图像上的图层。

你可以在 Photoshop 中以多种方式对图层进行分组和管理。接下来会介绍一些方法，请记住，你可以根据自身需要灵活应用。

将图层分组并将同一组的图层放于同一个图层组的步骤如下。

1. 在图层面板上，按住 Ctrl 键（Windows）或 Command 键（macOS），单击图层，选择希望归为一组的图层。

图层在被选中的情况下，会突出显示为浅灰色。

2. 从图层面板菜单中选择【从图层新建组】选项（图 3.34）。你也可以右击（Windows）或按 Control 键（macOS）并单击图层，从快捷菜单中选择【从图层建立组】选项。

提示

若要快速选择一个连续的图层范围，可按住 Shift 键，单击范围内的第一个图层和最后一个图层。

图 3.34　图层面板菜单中的【从图层新建组】选项可以将被选中的图层整理到一个图层组中

3．在【从图层新建组】对话框中，在【名称】文本框中为图层组输入一个描述性名称（图 3.35）。

4．如果你想通过颜色来归类组中的图层，可以从【颜色】下拉列表框中选择一个选项。

5．在对话框中，你也可以为组中的每一个图层指定不透明度和混合模式，但是最好保持这些设置的默认值，除非你有特别的理由必须改变这些值。

6．单击【确定】按钮。

分组后的图层显示在一个图层组中，该图层组带有一个开合三角，你可以根据需要展开该图层组（图 3.36）。

图 3.35　在【从图层新建组】对话框中，为新组命名

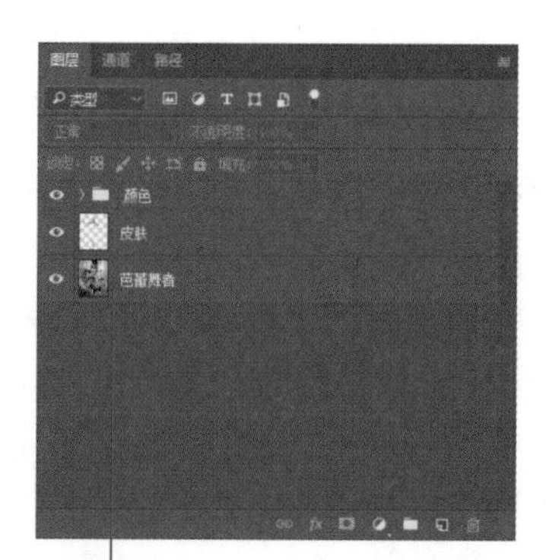

图 3.36　在图层面板中，出现新的【颜色】图层组

使用图层组

对图层进行分组是管理图层的好方法，几乎没有缺点。

查看组中的各个图层时，单击图层组图标旁边的开合三角即可展开或折叠图层组（图 3.37）。当图层组展开时，你可以重新排列、重命名和修改组内的图层，方法与图层不在组内时相同。

图层组与单个图层有很多相同的设置，如不透明度和混合模式。

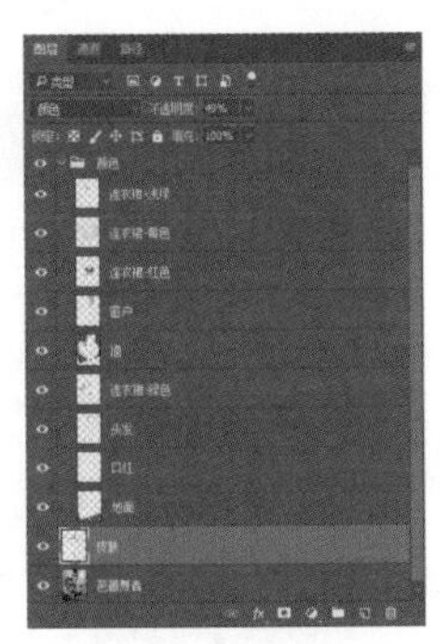

图 3.37　展开的图层组

解锁背景图层

默认情况下，当你在 Photoshop 中打开一个新的图像文件时，图像将被放置在背景图层上。注意，背景图层的右侧有一个带锁的图标。背景图层与其他图层不同，它不能移动，不能有透明的像素，不能在图层堆栈中重新定位。为了取消背景图层的这些限制，我们需要解锁背景图层。

解锁背景图层的步骤如下。

1．双击背景图层名称。

2．在【新建图层】对话框中，在【名称】文本框中输入“芭蕾舞者”。

3．单击【确定】按钮。

命名后的“芭蕾舞者”图层变成了一个普通的图层，不再受背景图层的限制。

> **注意**
> 每个组可以采用【穿透】混合模式。在该默认模式下，组中的每个图层都可以保留自己的图层混合模式。

> **提示**
> 你也可以选择背景图层，选择【图层】>【新建】>【背景图层】，或者，你可以右击（Windows）或按 Control 键（macOS）并单击背景图层，从快捷菜单中选择【背景图层】，打开【新建图层】对话框。

重新排列图层

在 Photoshop 中，理解图层顺序是很重要的。图层面板列出图像中所有图层的顺序是从上到下的，而图像区域显示的是自上向下的俯视视图。

为了说明这一点，将【芭蕾舞者】图层移到顶部，看看改变图层的排列顺序会如何影响图像显示效果（图 3.38）。

1．在图层面板中，选择你想要移动的图层，此处选择【芭蕾舞者】图层。

2．将图层拖到堆栈中的新位置。

将【芭蕾舞者】图层拖到图层堆栈的顶部。当你移动图层时，你会看到一条白色的线，和排列面板时出现的蓝线类似。

图 3.38　将【芭蕾舞者】图层放在图层堆栈的最上方，它会覆盖其他所有图层

3．松开鼠标，重新定位图层。

【芭蕾舞者】图层覆盖了下面所有的图层。

要撤销该操作，可以将【芭蕾舞者】图层拖到图层堆栈的底部，你会重新看到图像的其他颜色。

请记住，图层在列表中的位置越高，就越接近图像的顶视图。学习管理和创造性地排列图层位置与更改混合模式的方法将帮助你成为一个更有创造力和效率的设计师。这看起来很简单，但是随着图像变得越来越复杂，你使用 Photoshop 的经验越来越丰富，图层的顺序和设置会极大地改变图像的外观以及你可以应用的效果的数量。

★ ACA 考试目标 5.2

存储修改

我们已经做了很多工作，现在是时候再次保存文档了（图 3.39）。接下来要运用之前学到的方法，将图像保存为“Ballerinaccolor .psd”。你现在不必担心是否要将图像保存为 JPEG 格式，稍后，当你要在社交媒体上展示作品时，我们再介绍。

图 3.39 修复完所有受损的部分并上好色之后的图像

3.4 从图像编辑到设计

到目前为止，你把一张撕破了的、受损的褪色照片变成了彩色照片。上色需要经过大量的练习才能达到理想的效果，在本章的照片中，由于砖块和混凝土的存在，上色特别困难。

下面让我们抛开基本的照片修复技巧，把本章的照片变成一个设计作品。你即将跨越一个看似无关紧要的门槛，即从图像编辑过渡到设计。

编辑并修复图像是一种技术性的技能，进行设计是一种创造性的技能。当然，设计时你会用到技术性的操作步骤，但是你所做的决定没有直接的、真实的参考，你所呈现的作品就是你想象的图像的样子。

如果你一开始对设计决策感到不满意，也没关系。你需要时间和经验去看、去寻找设计元素的创造性使用方法，让作品变得更自然。你可能觉得自己没有创造力，那只是你还没有方法去挖掘你的创造力。

针对这张照片，在 Photoshop 中为其添加一些设计和创造性元素，这样当你把照片放到网上展示时，它看起来会更好。接下来给它加一个边框，然后添加一些文字来标识。

★ ACA 考试目标 4.4

3.4.1　扩展画布

接下来为这张照片设计一个边框。要实现这个效果，你必须首先扩展画布的尺寸并改变画布的形状和图像的工作区域。最终的效果是在图像周围设计一圈边框，边框的底部较厚，可在上面添加一些文字。

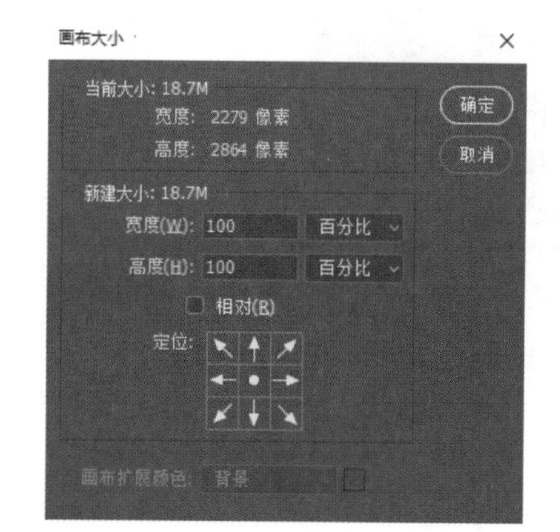

图 3.40　在【画布大小】对话框中，可以改变图像区域的大小

1．选择【图像】>【画布大小】，打开【画布大小】对话框（图 3.40）。

2．在【新建大小】区域，取消选择【相对】，并从【宽度】和【高度】文本框旁边的单位下拉列表框中选择【百分比】选项。

单位下拉列表框中有多种不同的计量单位。在本项目中，我们将用到百分比、像素和英寸。

3．在【宽度】和【高度】文本框中输入“110”，将画布的大小增加 10%。这样设置的效果是画布的每一个方向都增加 5%。

4．在【定位】网格中，确保中心是被选中的，并且显示向各个方向延伸的箭头（图 3.41），这说明你希望向各个方向扩展画布。

5．单击【确定】按钮。

画布向各个方向均匀扩展，因为我们增加了水平和垂直方向的值，同时将图像锚定在画布的中心。接下来，我们要改变画布的形状，操作与上述步骤类似，但是只需要在一个方向上使用不同的计量单位增加画布大小。

1．选择【图像】>【画布大小】，再次打开【画布大小】对话框。

注意

【相对】选项可以在输入总数和百分比之间进行切换。

如果你想要增加 10%，但未选择【相对】，则应输入“110”；如果选择了【相对】，则应输入“10”。

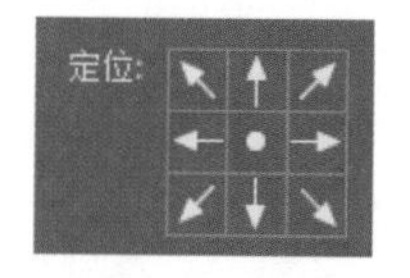

图 3.41　【定位】网格表示你想扩展或缩小画布尺寸的方向

2. 选择【相对】。

3. 从【宽度】和【高度】文本框旁边的单位下拉列表框中选择【英寸】选项。

4. 在【高度】文本框中输入“1”，为画布增加一英寸的高度。将【宽度】文本框保持为“0”，因为我们只想向下展开画布。在【宽度】文本框中输入值会向左右扩展画布的尺寸。

5. 在【定位】网格中，选择顶部中心点，这样箭头就可以向除向上外的所有方向延伸（图 3.42）。

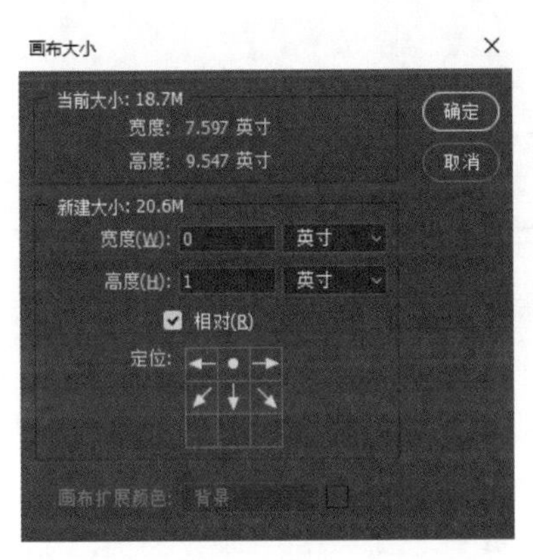

图 3.42 选择了【相对】后，Photoshop 会在【宽度】和【高度】文本框中向当前维度添加指定的值。图像的顶部被锚定，因此画布不会向上扩展

注意

【画布大小】对话框中的【定位】网格可以将画布的中心、4 条边或 4 个角中的任何一个固定住。当你想强制画布向一个或多个特定方向扩展时，你可以使用这个网格。如果出错了，你可以撤销最后一个操作，然后重试。

我们可以将【定位】网格的选择看成固定部分图像。由于上方的中心点被锁定，画布只能向下和向两边扩展。箭头表示图像可以扩展的方向（图 3.43）。

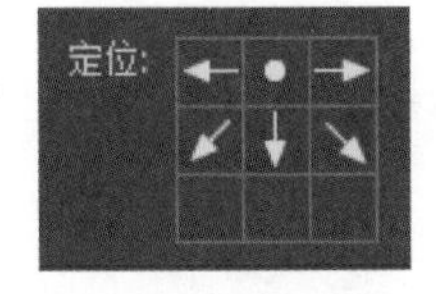

图 3.43 【定位】网格表示图像可以扩展的方向

6. 单击【确定】按钮。

你会发现画布只向下扩展了，因为你“固定”住了画布的顶部，它无法进行更改（图 3.44），并且图像不会向右或向左扩展，因为我们没有更改图像的宽度设置。

3.4.2 添加纯色填充图层

★ ACA 考试目标 3.1

纯色填充图层是自动扩展到整个画布的图层，即便画布重新被调整了。从本质上看，一个纯色填充图层就是某个颜色的无限平面。你不能在这些图层上作画，但是你可以在纯色填充图层上编辑图层设置，如不透明度、混合模式和蒙版。

图 3.44 画布扩展后的图像。请注意，在 Photoshop 中，透明的地方是以棋盘格的形式显示的

添加纯色填充图层的步骤如下。

1. 选择【图层】>【新建填充图层】>【纯色】（图 3.45），打开【新建图层】对话框。

2. 为图层命名后，单击【确定】按钮。

3. 在【拾色器（纯色）】对话框中，为该图层选择一种颜色，然后单击【确定】按钮（图 3.46）。

注意

当你创建一个纯色填充图层时，当前的前景色是默认的。

提示

如果你想改变纯色填充图层中的颜色，可双击图层面板中的颜色缩略图，从【拾色器（纯色）】对话框中选择一种新颜色。

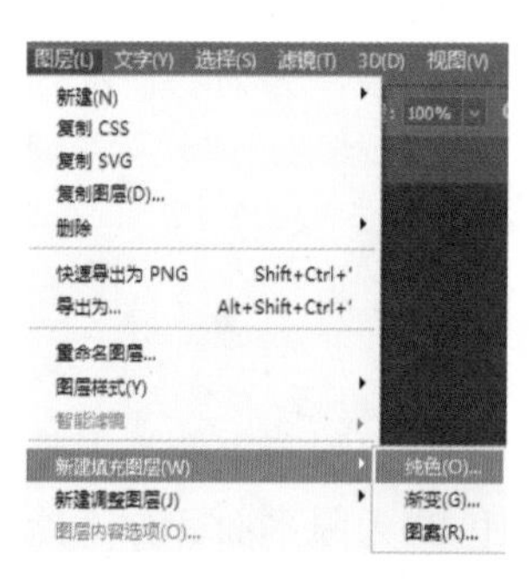

图 3.45 新建一个纯色填充图层

图 3.46 在【拾色器（纯色）】对话框中选择纯色填充图层的颜色

图层面板中出现【颜色填充 1】图层（图 3.47）。

4．在图层面板中，将【颜色填充 1】图层拖到【芭蕾舞者】图层的下面（图 3.48）。如此一来，我们就为图像创建了一个黑色的背景（图 3.49）。

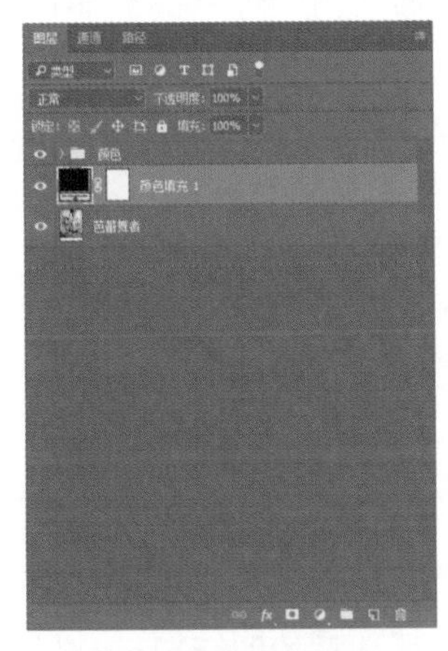

图 3.47 【颜色填充 1】图层

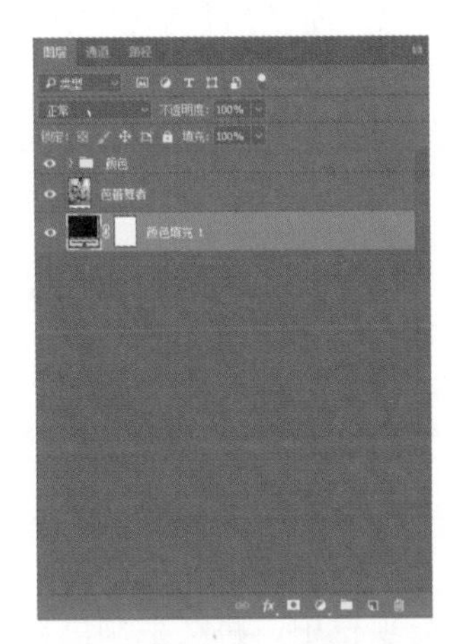

图 3.48 【颜色填充 1】图层被移动到【芭蕾舞者】图层的下方

图 3.49 将纯色填充图层作为背景的图像

★ ACA 考试目标 4.2

3.4.3 添加文字

接下来在图像上添加一个文字图层。文字图层类似纯色填充图层，是专门设计用来处理文字的。文字图层是矢量图层，这说明它不是由像素排列而成的，而是由数据排列而成，在编辑光栅（基于像素的）图像时，不会损坏文字图层。

我们将在图像的底部添加一小段文字，用于标识照片的拍摄时间和位置。

注意

你可以从 Adobe Creative Cloud 的 Typekit 中查找字体 Mostra Nuova Bold。如果字体不可用，请选择其他无衬线字体，如 Helvetica 或 Arial。

1. 选择图层，新创建的文字图层将放在该图层的上方。

2. 选择【横排文字工具】T。

3. 在图像中，单击你想要输入文字的位置。在本项目中，单击图像底部黑色边框的中心。

你单击的位置会出现一个光标。输入文字时，请记住文字的对齐方式。

注意

输入文字时，文字下方会出现一个文字基线，但是它不会显示在最终的呈现效果中，除非你添加了下划线。

4. 在选项栏中，将文字颜色设置为白色。选择你喜欢的任何方式设计文字或使用以下设置（图 3.50）。

- 字体：Myriad Pro。
- 字体样式：Regular。
- 大小：27 点。
- 对齐方式：居中。

下面可以输入文字了。

5. 输入“芭蕾舞者埃娜”。

6. 在选项栏中，单击✓按钮，确保该文字出现在该图层。

提交完成后，文字图层将出现在图像上。你可以使用【移动工具】调整文字的位置。

图 3.50 在选项栏中，你可以自定义字体、对齐方式、颜色和其他具体的字体设置

编辑文字图层

有时，你可能需要对现有的文字图层进行编辑，纠正错别字或更改文字格式，如字体、颜色或段落设置等。

1. 在图层面板中，双击文字图层的缩略图（图 3.51）。图层上的文字会高亮显示。

2. 在这一图层文字的末尾，输入文字“无线电城音乐厅”。

3. 在选项栏中，根据自己的设计需求进行设置。

4. 单击选项栏中的✓按钮，保存更改。

无线电城音乐厅

图 3.51　不管文字图层上的文字是什么，文字图标都会出现在文字图层的缩略图上

高级字符设置

现在你已经学会了输入并编辑文本，接下来我们将添加另一个文字图层，并将图像保存为几个不同的版本。在下一个文字图层中，你将学习可以应用的高级设置。

注意

当你双击文字图层的缩略图时，系统会预先选择你之前输入的文本。你应该先单击你需要编辑的地方再输入文字，否则文字会被替换掉。

1. 在图层面板中，选择图层，新创建的文字图层将放在其上方。

2. 在工具面板中，选择【横排文字工具】T。

3. 把鼠标指针移动到你想要输入文字的地方。

4. 单击你想输入文字的地方。你单击的位置会出现一个光标。输入文字时，请记住文字的对齐方式。

5. 输入文字“纽约，1938”。

6. 在选项栏中，单击【切换字符和段落面板】按钮，打开包含字符面板和段落面板的面板组（图 3.52）。

提示

如果你想将文字置于现有文字之上，请按住 Shift 键再选择【横排文字工具】，这样也可以防止你编辑以前输入的文字。

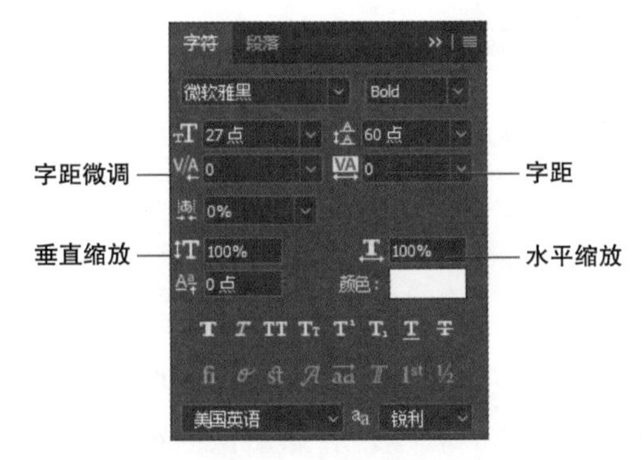

图 3.52　在字符面板中，你可以设置字体、字距、垂直缩放、水平缩放等

7. 选择图层上的所有文字。

8. 在字符面板中，在【字距微调】文本框中输入“100”，字符之间的空间增大。

9. 单击选项栏中的✓按钮，保存文字。

这幅图像完成了！你在这幅图上做了很多工作（图 3.53），你需要做的最后一件事是将图像存储为多种不同的格式和版本。

注意

单击【字符和段落面板】按钮可以切换面板的开关状态。

图 3.53 图像编辑前后的对比图

3.5 存储图像，用于多种用途

现在，这幅图像已经有很多图层了，接下来要为它未来的多种用途做准备了。让我们来探索一下在 Photoshop 工作流中保存这个项目的一些常见的方法，并分析每种方法的优缺点。其实，存储图像的很多步骤我们都学过，本节的大部分内容都是复习。此外，我们还将探索一种方法来将图像保存为两个版本：黑白版本和彩色版本。

3.5.1 存储为 PSD 文件

★ ACA 考试目标 5.1

在整个项目中，你已经多次使用不同的名称保存了这幅图像。让我们再一次把它保存为“BallerinaFinal .psd”。你应该已经知道怎么做了，这里只是复习一下。下面是将图像保存为 PSD 格式，并将其重新命名的方法。

分层的 PSD 格式

优势	劣势
包含 Photoshop 的全部功能	文件较大
最通用和可编辑的图像	只能用 Photoshop 打开

1. 选择【文件】>【存储为】。
2. 在【名称】文本框（Windows）或【存储为】文本框（macOS）中，输入“BallerinaFinal.psd”。
3. 如果有必要，从【保存类型】下拉列表框（Windows）或【格式】下拉列表框（macOS）中选择【Photoshop（*.PSD；*PDD；*PSDT）】。
4. 找到你要将图像保存到的计算机的位置。
5. 单击【保存】按钮。

在整个设计过程中，经常保存是一个好习惯。这样做可以让你返回到图像的早期状态，并在文件出现问题时找到项目的多个副本。此外，我们还建议你将文件保存到云备份文件夹中，特别是重要的图像。如果你有 Adobe Creative Cloud 账户，则 Adobe Creative Cloud 文件夹可以完美实现该功能，它会自动备份你的文件夹，以防本地文件或驱动器损坏。

★ ACA 考试目标 3.1

合并或扁平化的 PSD 格式

优势	劣势
文件较小	对层进行栅格化，无法编辑文本、形状、层定位、层样式和层设置
图像品质完整	只能用 Photoshop 打开
	文件大小比其他常见文件格式大

你创建的 Photoshop 文件有多个图层，每一个图层都会使图像变大。案例中的图像有 3 个不同类型的图层：文字图层、芭蕾舞者的图像和颜色图层。在这个项目中，我们将把一些图层合并到 Photoshop 的一个图层中，以避免文件过于庞大或图层被移动。这个过程类似于扁平化图像，即将所有图层转换成一个单一的光栅图层。合并是指将选择的多个图层合并和栅格化，而扁平化是指合并和栅格化文件中的所有图层。

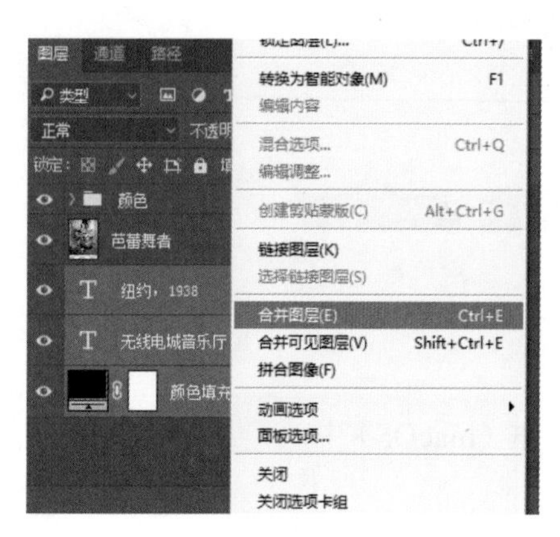

图 3.54 选择图层面板菜单中的【合并图层】选项，合并所选的图层

图 3.55 合并多个图层后形成的新图层

光栅图像是指由像素构成的图，每个像素都有自己的颜色和透明度信息。将非基于像素的图像转换为基于像素的图像的过程称为“栅格化”。

1．按住 Ctrl（Windows）键或 Command 键（macOS）并单击你想要合并的图层或图层组。在该项目中，选择文字图层和纯色图层，这些图层将突出显示。

2．从图层面板菜单中选择【合并图层】（图 3.54）。

文字图层和纯色图层将合并为一个栅格图层。新图层会采用所选图层中最顶图层的名称，在本项目中名称为“纽约，1938”（图 3.55）。

3．双击图层名称，输入一个新的名称，如“背景”。

这样看来，你似乎可以轻松地将整个颜色组扁平化，但是由于颜色组中的图层有不同的混合模式，因此无法扁平化，因为扁平化时一个图层只能有一个混合模式。但是，有一个变通方法，这个方法的关键是首先复制图层。

复制和合并图层

我们希望最终得到两个完整的图像，每个图像中都包含文字。其中，一个是彩色图像，另一个是黑白图像。于是，我们需要两个版本的【芭蕾舞者】和文字背景图层，然后将图层合并在一起。

复制图层的步骤如下。

1．在图层面板中，选择一个或多个你想要复制的图层。在这个项目中，选择【芭蕾舞者】和文字背景图层。

2．将图层拖动到图层面板底部的【创建新图层】按钮上，复制的图层就会出现，图层名称后带有“拷贝”字样。

现在，我们已经复制好了图层。将复制的图层和颜色组合并为一个图层，将文字背景图层和【芭蕾舞者】图层合并成一个图层（图 3.56）。

这时，在一个 Photoshop 文件中有两个完整的图像副本：一个是彩色的，另一个是黑白的。这是将同一文件的多个版本放在一个文件中的一种方法，但它只在图像变动很小的情况下才有效。对于这个小图像来说，这是一个简单的解决方案。在本书后面的课程中，我们将讨论实现这一点的其他方法，它们有更大的灵活性。

当你有了两个完整的合并后图像的图层时，将其存储为 PSD 格式，并命名为“BallerinaMergedVersions.psd”。你可以轻松切换【颜色】图层的可见性（眼睛按钮），比较两个版本（图 3.57）。

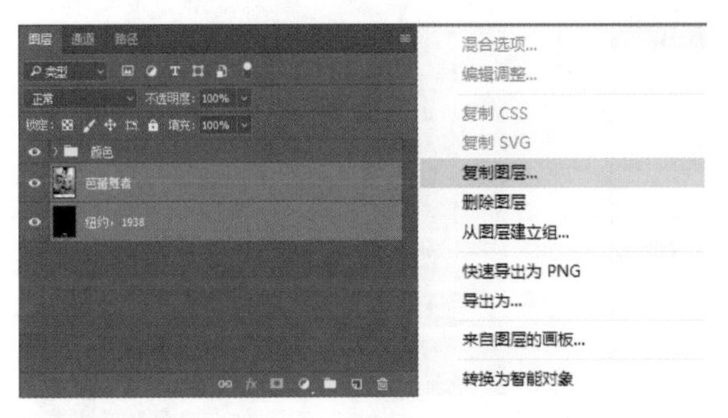

图 3.56 在图层面板菜单中，选择【复制图层】选项，一次性复制所有被选中图层

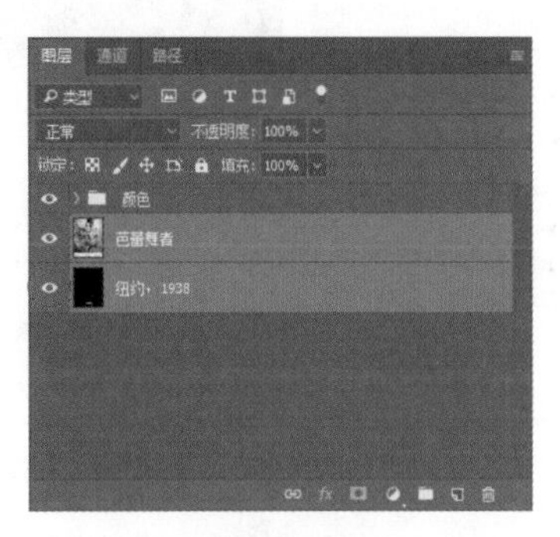

图 3.57 单击看起来像眼睛的按钮以切换图层的可见性

3.5.2 将图层导出为单独的文件

★ ACA 考试目标 5.2

如果你想要这幅图像的彩色版本和黑白版本，一种方法是隐藏【颜色】图层，将其保存为黑白版本的图像，然后显示【颜色】图层并将其保存为彩色版本。

你也可以在一个文件中导出一个图像的多个版本，具体操作如下。

1．选择【文件】>【导出】>【将图层导出到文件】（图 3.58），打开【将图层导出到文件】对话框。

2．对导出的文件进行以下设置（图 3.59）。

目标：Photoshop 文件夹。

文件名前缀：芭蕾舞者。

文件类型：JPEG。

品质：8。

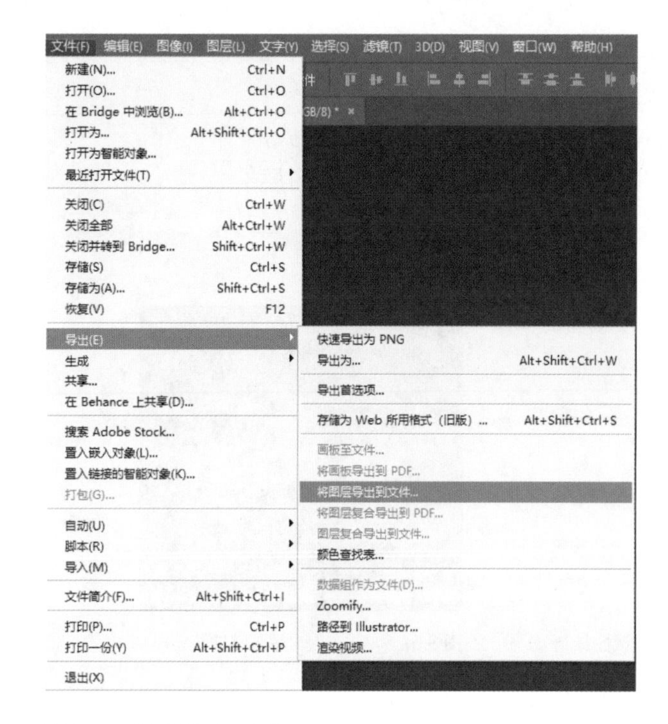

图 3.58　将图层导出为文件

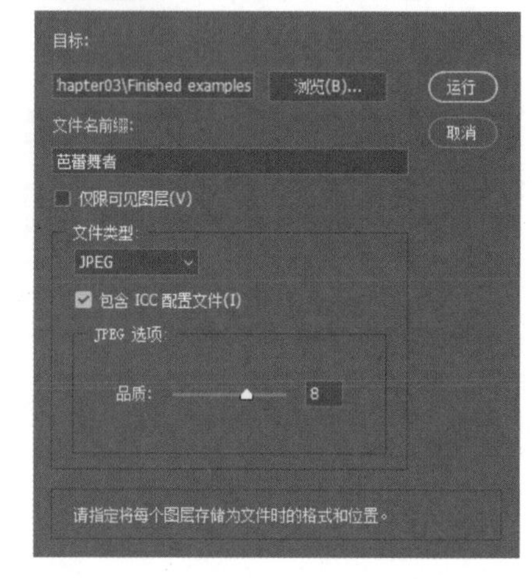

图 3.59　【将图层导出到文件】对话框

文件名前缀就是文件名的开头，其后面有一些数字，然后是图层名称（如 Ballerina_0000_Color.jpg）。

3．单击【运行】按钮，将图层导出为单独的 JPEG 文件。

通过该过程存储的文件是全尺寸的 JPEG 文件，文件的品质是你自己设置的品质。这些文件并不是 Web 所用格式，所以我们将在最后一步进行优化。

★ ACA 考试目标 5.1

3.5.3　存储图像，将其用于社交网络

最后一步是存储图像，并将其分享到社交媒体上。

1．选择【文件】>【导出】>【存储为 Web 所用格式（旧版）】。

2．选择合适的图像格式，以便在社交媒体上分享图像。

建议使用中等品质的 JPEG 格式，最大尺寸为 1200 像素。

3．选择存储位置，单击【保存】按钮，保存文件。

升级挑战：奖励关卡

至此你已经学会了给旧照片上色的所有技巧。接下来你可以接受一个或多个这样的挑战来提升你的技能，加深对概念的理解。

- Level Ⅰ：找到一张品质不错的黑白照片，并为其上色。
- Level Ⅱ：找到一幅破损的网络图像，修复图像并为其上色。
- Level Ⅲ：找到一张旧的全家福并扫描，修复照片并为照片上色。

本章目标

学习目标

- 学习建立商务印刷文档。
- 使用 Photoshop 中的非打印工具协助设计。
- 学会使用相机原始图像，并在 Photoshop 中进行处理，以备将来使用。
- 探究如何在文本、图形和照片中使用 Photoshop 样式和滤镜来制造特效。
- 学会如何软校样以及检查图像，进行故障检测并优化图像。

ACA 考试目标

- 考试范围 1.0
  在设计行业工作 1.2
- 考试范围 2.0
  项目设置与界面 2.1、2.3、2.4 和 2.6
- 考试范围 3.0
  整理文件 3.1、3.2 和 3.3
- 考试范围 4.0
  创建和修改可视化元素 4.1、4.2、4.3、4.5 和 4.6
- 考试范围 5.0
  发布到数字媒体 5.1 和 5.2

第 4 章

传单

在前几章中，我们探究了如何将图像恢复到原始状态或者改善它们。在本章，我们将开始设计图像而非还原图像。你会学习大多数 Photoshop 设计师每周都会用到的概念。此外，你将开始学习一些新技巧，在用 Photoshop 进行设计时，尝试应用它们。

现在，我们要为动漫展上的一场音乐会设计一张介绍某乐队的传单。参展群体是 20 岁以上的年轻人，传单的作用是让人们知道该活动在入口处有折扣价，入场时有免费饮料，同时向那些没有参加展览的人宣传这场音乐会。

到目前为止，你一直在屏幕上设计数字图像。无论是计算机屏幕还是电视屏幕都不重要，因为它们的颜色空间和计量单位是相同的。当你开始设计纸质版图像时，一切会大有不同，在这一章你会发现这些差异。

4.1 印刷设计

★ ACA 考试目标 5.1

默认情况下，屏幕是黑色的，纸是白色的。这个基本的区别就是你需要使用不同的混合颜色的原因。

纸的计量单位是英寸而不是像素。因此，你可以用英寸（1 英寸 = 2.54 厘米）作为单位计量已经完成的项目。图像的像素密度称为分辨率 [屏幕中图像的分辨率单位为像素 / 英寸（ppi），印刷品图像的分辨率单位为点 / 英寸（dpi）]，正确设置用于印刷的作品的分辨率非常重要。

使用印刷行业标准可以使事情变得更简单、更一致。除非另有说明，否则你可以假设要印刷的图像在颜色空间中，分辨率为 240 ～ 300 点 / 英寸（1 英寸 =2.54 厘米）。在屏幕上，你可以把它看作每英寸有多少像素（ppi）。可以说一个文档是以厘米为计量单位定义的，分辨率是以像素 / 英寸为单位定义的。在最初设置文档时，这是一个关键的设置，因为它关乎图像能否按比例放大。如果一幅图像的屏幕分辨率为 72 像素 / 英寸，那么该图像的分辨率将低于精准打印所需的分辨率。如果强制提升其分辨率，则打印出来的图像会模糊不清，质量也很差。

注释

术语 dpi 和 ppi 都表示组成图像的彩色点的数目。ppi 通常在屏幕上工作时使用，dpi 通常用于描述纸上的图像。当你在屏幕上设计纸质作品时，你可能会感到困惑！

例如，在图 4.1 中，左边的图像一开始是 300dpi（点 / 英寸），看起来不错。右边的图像开始是 72dpi，把它设置为实际大小时很难看到细节。当你使用 72dpi 图像并将其强行放大时，结果并不好，如图 4.1 中的右图所示，皮肤上满是斑点，打造完美肌肤所花的时间和精力瞬间化为乌有。

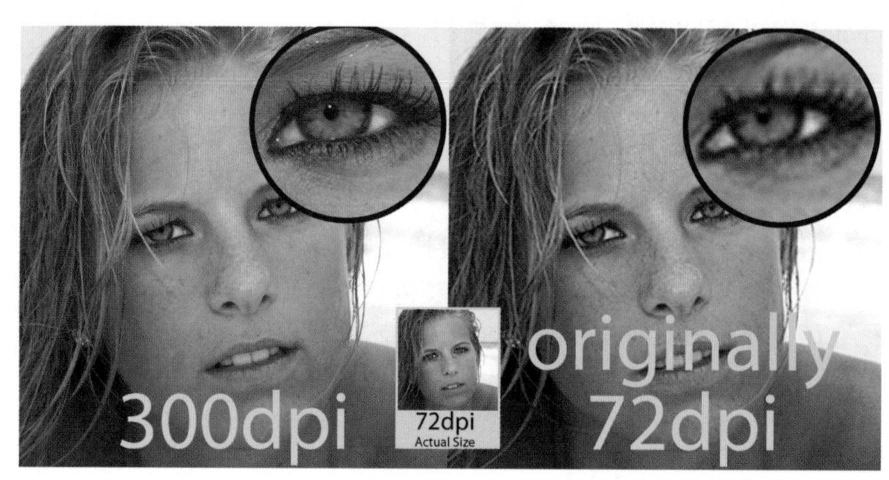

图 4.1 图像的实际大小和放大后的对比

★ ACA 考试目标 2.1

4.2 新建打印文档

在对具有特定的打印尺寸的文档进行设计时，首先应该将文档设置为最终需要的打印尺寸。本章要制作的是一个标准的四分之一页的俱乐部传单（4.25 英寸 ×5.5 英寸）（1 英寸 =2.54 厘米），打印时图像四周无边框。你需要在文档周围留出额外的空间，称为出血位，它可以在打印后被裁掉，目的是使文档达到合适的尺寸。你可以在文档四周添加 0.25 英寸的出血位。

新建打印文档的操作步骤如下。

1. 选择【文件】>【新建】或按快捷键 Ctrl+N（Windows）或 Command+N（macOS）。打开【新建文档】对话框（图 4.2）。

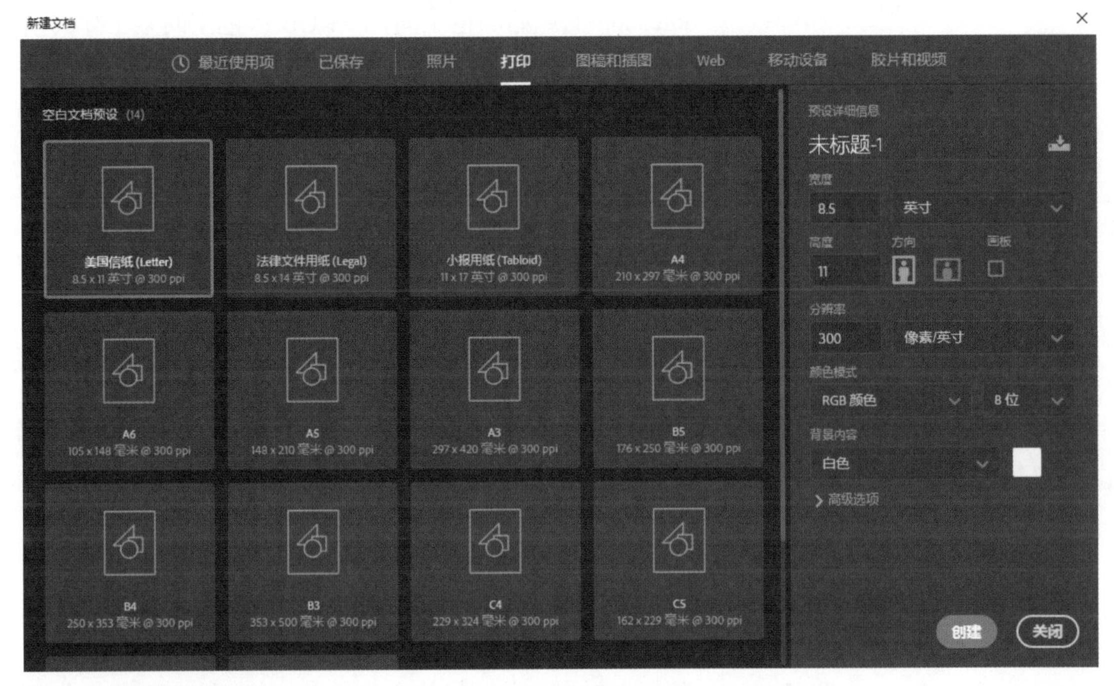

图 4.2 【新建文档】对话框

2. 单击对话框顶部的【打印】选项卡以显示打印文档的预设值。

3. 如果没有符合我们需求的预设，可在对话框右侧进行设置。

将【分辨率】设置为“300 像素 / 英寸”,“计量单位”设置为“英寸”,【颜色模式】设置为“RGB 颜色”。

4. 在【预设详细信息】文本框中输入“ShowFlyer”，命名文档。

5. 设置【宽度】为“6 英寸”,【高度】为“4.75 英寸”，更改文档的大小。

6. 单击【创建】按钮。

加上额外的 0.25 英寸的出血位，你已经把文档设置成你需要的大小了。为了完成文档的排版，你可以创建一些参考线，以便最终裁剪打印页面时定位裁剪边缘。

★ ACA 考试目标 2.1

4.2.1 软校样颜色

有了软校样，系统便可以模拟图像在商业胶印机上印刷的效果，而同时你可以在 Photoshop 的原始颜色空间——RGB 颜色空间中工作。模拟在 CMYK 颜色空间中的效果可以确保你在调整设计的图像颜色和外观时达到你想要的视觉效果

1. 选择【视图】>【校样设置】，并确定【工作中的 CMYK】被选定。
2. 选择【视图】>【校样颜色】(图 4.3)，或按快捷键 Ctrl+Y（Windows）或 Command+Y（macOS）。

你没有看到任何事情发生，但“魔法”正在幕后继续。在你进行软校样时，文档的标题栏中的名称后面会显示一个模拟的颜色空间（图 4.4）。

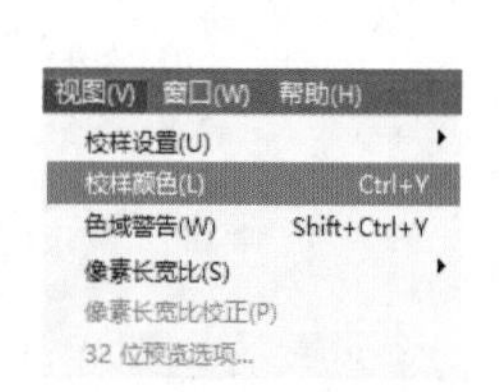

图 4.3 软校样在屏幕上模拟颜色在胶印机上印刷时的样子

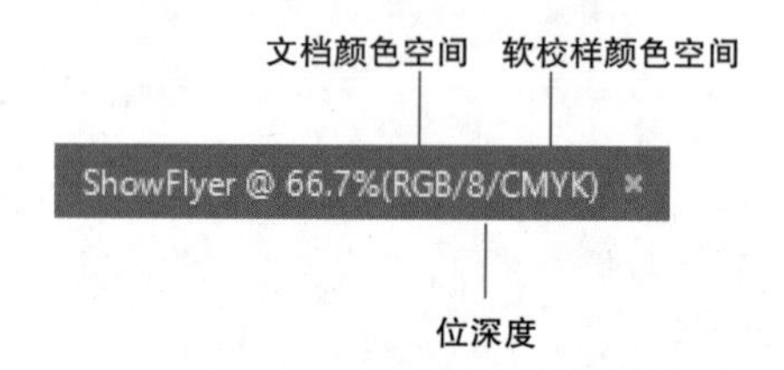

图 4.4 Photoshop 文档的标题栏显示了文档颜色空间、位深度，以及任何有效的软校样颜色空间

CMYK 颜色空间主要用于胶印机的商业印刷。大多数家庭和办公室打印机都喜欢用 RGB 颜色空间，所以 CMYK 软校样可在必要时使用。设计公司和摄影师使用的高端彩色喷墨打印机经过校准后，可以在 RGB 颜色空间中工作得很好。

★ ACA 考试目标 2.3

4.2.2 使用标尺和参考线

标尺和参考线的功能是帮助你对齐设计元素。标尺可以帮助你确定打印时设计元素将出现在文档中的位置。参考线用于排列元素并定义文档的可打印区域。无论是标尺还是参考线，它们都不会出现在最终的打印产品中。

显示标尺

1. 要在文档中显示标尺，请选择【视图】>【标尺】(图 4.5)，或

者按快捷键 Ctrl+R（Windows）或 Command+R（macOS）。

标尺将在画布的边缘（非图像区域）出现，可帮助你确定打印文档中元素的位置。

2．若要更改标尺的计量单位，可右击（Windows）或按 Control 键并单击（macOS）标尺以显示快捷菜单，选择你想要的计量单位。

请注意，当前的计量单位前方会有一个复选标记（图 4.6）。

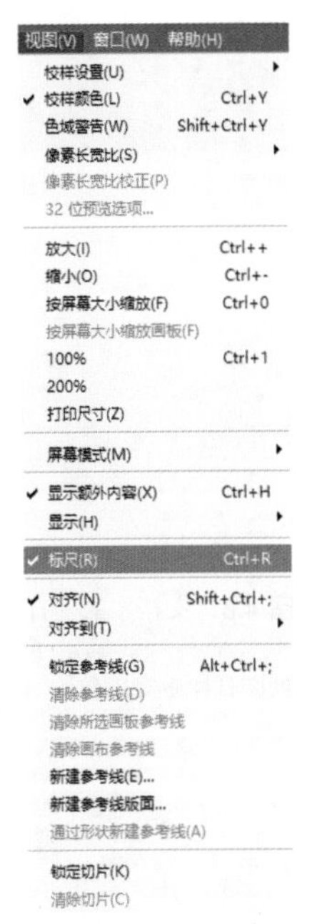

图 4.5 选择【视图】>【标尺】可显示水平和垂直标尺

创建参考线

参考线几乎和标尺一样容易设置。你可以手动输入它们的位置，或者将它们从标尺拖入文档中。

要在文档中新建参考线，请先从标尺中拖出一条，并在适当位置释放鼠标按键。当你想用它们来辅助布局时，这是一种较好的创建参考线的可视化方式。

在特定地点放置参考线的步骤如下。

1．选择【视图】>【新建参考线】，打开【新建参考线】对话框（图 4.7）。

2．选择【水平】或【垂直】。

3．在【位置】文本框中输入一个值来指定新参考线的位置。在本项目中，输入“.25”。

4．单击【确定】按钮。

现在，你放置了一条距离文档顶部 0.25 英寸的水平参考线。重复以上步骤，在距离文档左边缘 0.25 英寸的地方放置一条参考线，步骤相同，但选择【垂直】。

图 4.6 在快捷菜单中能选择计量单位

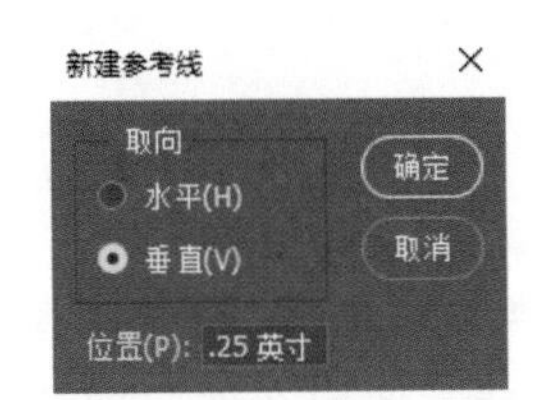

图 4.7 【新建参考线】对话框

放置顶部和左侧的参考线后，用鼠标单击标尺内部，将两条参考线分别拖至距文档的右边缘和底边 0.25 英寸（分别为 5.75 英寸和 4.5 英寸）处。完成后，你的文档应该如图 4.8 所示。

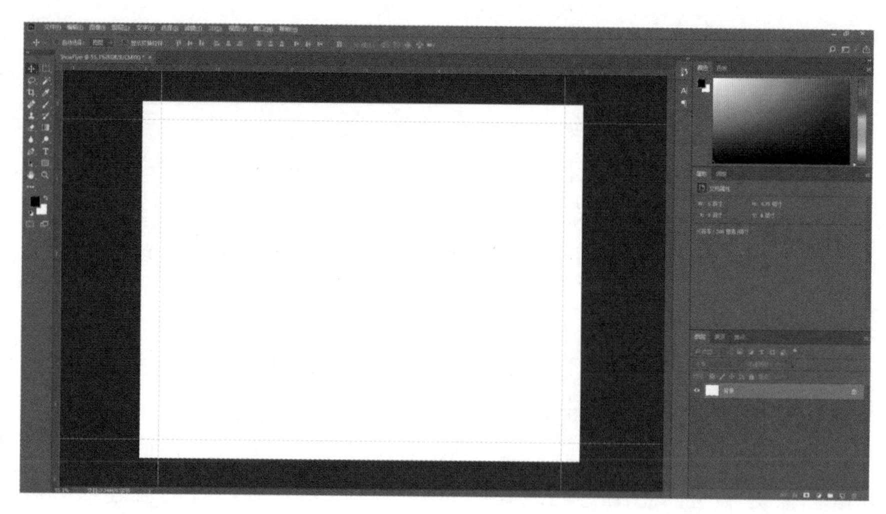

图 4.8 文档中的垂直和水平参考线确定了页面打印区域的轮廓

移动、删除及锁定参考线

当你使用多条参考线时，你会发现你有时需要移动和删除它们。此外，你可能想要锁定参考线，这样它们就不会意外地重新定位。操作参考线的方法如下。

- 移动：选择【移动工具】，单击参考线，并将其拖动到一个新的位置，即可重新定位参考线。
- 删除：把参考线拖回到标尺上即可删除该参考线，选择【视图】>【清除参考线】即可删除所有参考线。
- 锁定：选择【视图】>【锁定参考线】即可锁定你创建的参考线。此后，参考线会留在原处。

提示

你可以通过按 Ctrl 键以临时切换到【移动工具】来移动参考线。

★ ACA 考试目标 2.4

4.3 导入图像

在此之前，你是直接在 Photoshop 中打开文档，把图像作为文档的背景图层。但现在你要把图像导入一个打开的文档。你可以通过下面的多种方式在 Photoshop 中打开图像。

- 选择【文件】>【打开】，将文档作为新文档打开，并设置图像为背景图层。
- 选择【文件】>【打开为智能对象】，将文档作为新文档打开，并设置图像为智能对象。

- 将文档拖动到打开的文档上，在打开的文档窗口中打开。
- 将文档拖动到界面空白区域，在文档窗口中打开。
- 选择【文件】>【置入嵌入对象】，将图像放到新图层上，并将图像设置为当前保存状态的智能对象。
- 选择【文件】>【置入链接的智能对象】，将图像设置为智能对象，并在原始图像更新时对其进行更新。

根据你的需要选择其中一种特定的方式打开文档。

4.3.1 使用 Adobe Bridge CC 浏览文档

★ ACA 考试目标 2.4

对于设计师来说，Adobe Bridge CC（以下简称 Bridge）是一个重要的应用程序，因为它能够让你浏览、管理和查看 Adobe 文档，而不需要打开创建它的应用程序。当你在桌面上浏览一个装满 Photoshop、Adobe Illustrator CC 和 Adobe InDesign CC 文件的文件夹时，你只能看到这些文件的图标。当使用 Bridge 时，你可以浏览文件，从一堆照片中选出正确的照片，或者为传单选择正确的布局参考（图 4.9）。

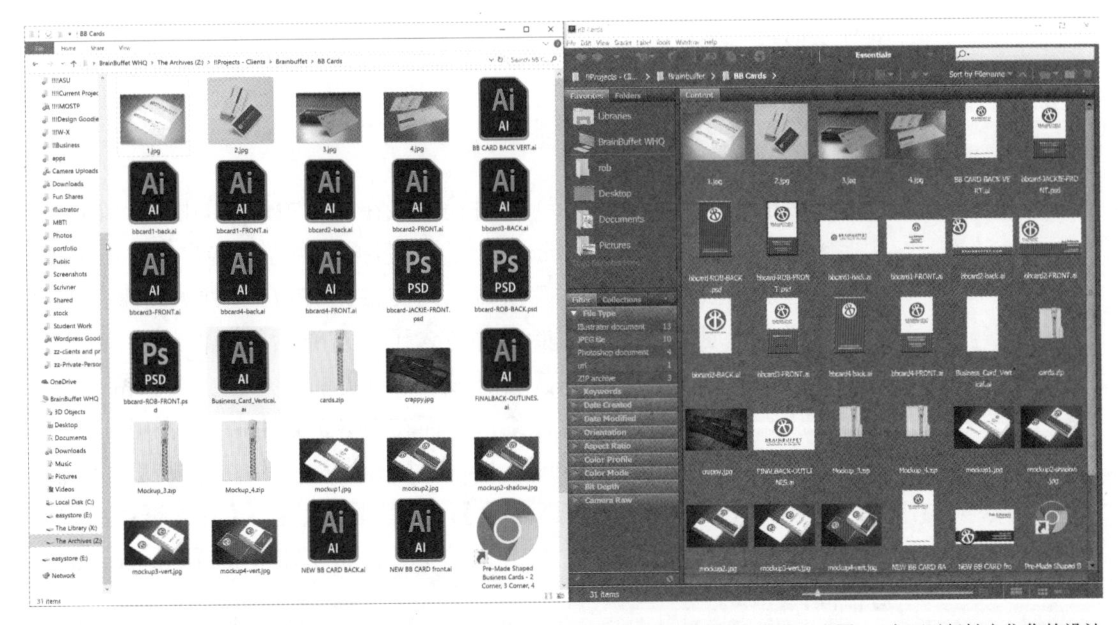

图 4.9 与系统文件资源管理器（左图）不同，Bridge 显示所有受支持的文件类型的浏览（右图），它可以轻松定位你的设计文档

除了易于操作和易于查看文档外，使用 Bridge 还易于查看每个文档的元数据。元数据是文档信息的集合，这些信息以不可见的方式附加到文档上。它包括版权信息、文档中使用的色板、相机和镜头信息，甚至可以包括照片拍摄地点的信息。

现在的操作系统在链接和浏览文档方面做得越来越好，但 Bridge 提供了一种可靠的方法来定位和浏览你想要导入 Photoshop 项目的任何图像。它的浏览选项更全面，更容易使用。

注释

拖动 Bridge 中内容面板（文件浏览器）底部的滑块可以改变文件缩略图的尺寸，方便你为项目找到完美的图像。

浏览 Bridge 中的文档的步骤如下。

1. 选择【文件】>【在 Bridge 中浏览】，打开 Bridge。
2. 浏览你想要在 Photoshop 中打开的文档。
3. 右击图层缩略图，选择【位置】>【在 Photoshop 中】（macOS 中按 Control 键并单击）。

你的图像已经作为一个智能对象放在当前 Photoshop 文档的一个新图层上。

因为该图像的格式为相机的原始文件格式，所以它会以相机原始文件的形式在 Photoshop 中打开，你可以在【Camera Raw】对话框中对其进行处理。现在让我们探索相机原始格式文件的特殊之处，并学习如何处理它们。

4.3.2　使用原始相机文件

原始相机（简称“原始”）文件是只能在相机中创建的图像，它们包含直接来自相机图像传感器的未处理图像数据。当你的客户提供图像时，你要尽可能地获取原始文件。虽然原始文件比 JPEG 文件大得多，但它们更有用、更通用。因为原始文件包含了所有原始的图像传感器数据，所以不会缺少任何数据——甚至阴影中不可见的信息也会被保留！你通常可以从原始文件中恢复图像细节，而在 JPEG 文件中无法办到。你可以像打开其他文件一样在 Photoshop 中打开原始文件。选择【文件】>【打开】，【文件】>【置入嵌入对象】，或者【文件】>【置入链接的智能对象】，直接在 Photoshop 中打开原始文件。接下来介绍【Camera Raw】对话框。

在【Camera Raw】对话框中生成原始图像的步骤如下。

1. 打开【Camera Raw】对话框（图 4.10），微调图像设置。

你可以自动设置白平衡，然后手动设置每个选项来满足你对图像的需求。

2. 单击【完成】按钮，将图像作为智能对象放置在文档中。

一旦图像在你的文档中，请注意在此图层缩略图的角落有一个小图标▣。此图标表明该图层是一个智能对象。现在我们来讨论在 Photoshop 中使用这种特殊类型的图层的好处。

注释

单击【打开图像】按钮，可以创建一个新文件，另外在活动文档的新图层中选择一个置入指令也可以将图像作为智能对象打开。

图 4.10 Photoshop 中的【Camera Raw】对话框

4.3.3 了解智能对象

★ ACA 考试目标 3.1

★ ACA 考试目标 3.3

将文件作为智能对象打开通常是最聪明的工作方式。你可以通过图层缩略图右下角的智能对象图标来识别它们（图 4.11）。智能对象是

图 4.11 你可以通过图层缩略图右下角的智能对象图标来识别智能对象

Photoshop 中的非破坏性编辑功能——无论你对它们做什么，即使是在文档保存之后，你也可以返回到原始图像。这是一个巨大的优点，几乎没有缺点。如果你需要将智能对象更改为常规层，则你可以简单地对图像进行栅格化并将其变为像素数据。与常规层相比，智能对象具有如下一些明显的优势。

提示

让文本成为一个智能对象，这样你就可以对它使用滤镜，同时保留编辑文字的功能。

- 它们是无损的，所以总是可以恢复到原始状态。
- 应用于智能对象的滤镜会变成智能滤镜，并且可以在应用后进行编辑。
- 智能对象可以被链接，如果原始文件更新，则更新将自动反映在文档中。
- 智能对象可以跨 Adobe 应用程序使用。

★ ACA 考试目标 3.1

4.3.4 创建一个纯色填充图层

由于我们的图像是相当暗的，所以你需要创建一个黑色的背景以使图像渐隐。你会像之前那样创建一个纯色填充图层，然后为其填充纯黑色。

创建纯色填充图层的步骤如下。

1. 选择【图层】>【新建填充图层】>【纯色】。
2. 选择纯黑色。
3. 单击【确定】按钮，创建图层。
4. 将纯色填充图层移到智能对象图层下方。

★ ACA 考试目标 3.2

4.4 混合图像

下一步是将贝斯手从照片中渐隐到黑色区域里。你有几种方法可以做到这一点，现在让我们尝试一种无损方法。当需要擦除图像的某些部分时，无损方法是使用蒙版。具体方法是在一个图层上创建一个蒙版，然后在蒙版上涂上黑色来隐藏图层内容，或者涂上白色来显示内容。

4.4.1 创建一个图层蒙版

让我们先在图层上创建一个蒙版，以便你可以将图像渐隐到黑色区域，然后再向文档中添加一些文本。

1. 单击你想要添加蒙版的图层。在本项目中，单击贝斯手所在图层。

2. 在图层面板中，单击【添加图层蒙版】按钮，蒙版被添加到图层上（图 4.12）。

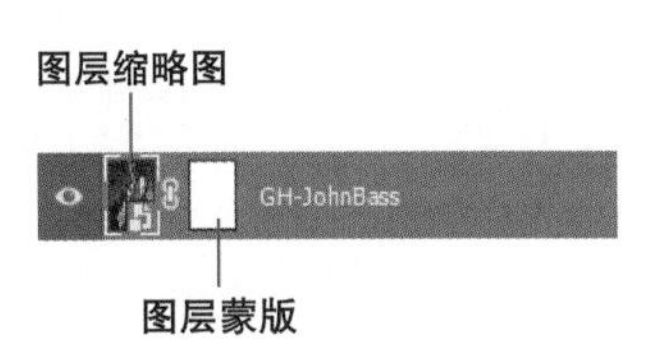

图 4.12 创建一个图层蒙版

在图层面板中，蒙版以缩略图的形式显示在图层缩略图的右侧。

因为没有有效选区，所以蒙版最初是全白的，显示了整个图层。如果在创建蒙版时选区是有效的，则新蒙版将仅显示有效选区内的图像。

★ ACA 考试目标 3.1

★ ACA 考试目标 3.2

4.4.2 使用蒙版渐隐图像

现在你要使用蒙版渐隐图像。对于这个任务，你将在蒙版上创建一个从黑色到白色的渐变。当蒙版上的渐变从黑到白时，图像将从隐藏变为可见。

Photoshop 中的渐变相当复杂，接下来先从一个简单的预设渐变开始。

1. 选择【渐变工具】。在【GH-JohnBass】图层上，单击图层蒙版缩略图以激活蒙版。

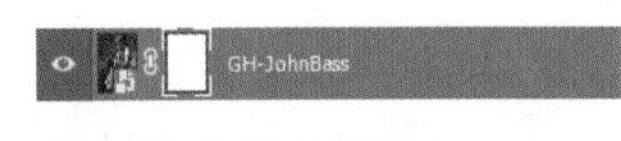

图 4.13 激活的图层蒙版

当图层蒙版处于激活状态时，蒙版缩略图周围会显示白色的角，但是图层缩略图不显示（图 4.13）。

2. 在选项栏中，选择从黑到白的渐变（图 4.14）。如果渐变选择器的第一个选项不是从黑到白，可按 D 键返回默认颜色。

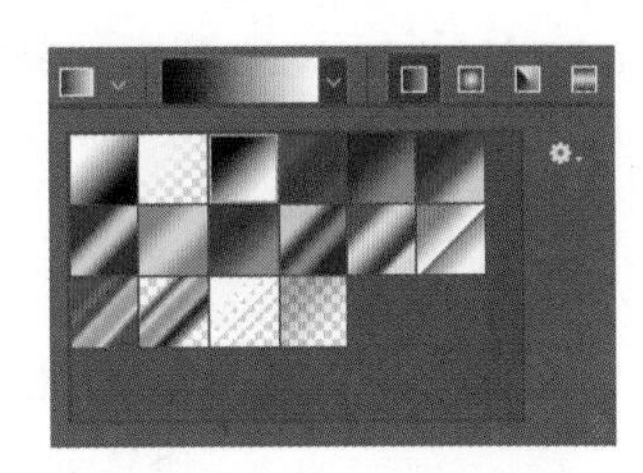
图 4.14 在选项栏中选择预设的从黑到白的渐变

3. 从贝斯手手臂处拖动渐变工具到图像边缘，使图像从可见变为隐藏。你可以在按住 Shift 键的同时拖动渐变工具，将渐变的角度限制在一条水平线上。

图像应该从可见到透明，淡入黑色背景层。

4.5 主文本

★ ACA 考试目标 4.1

★ ACA 考试目标 4.2

接下来关注文本。大多数初学设计的人都忽略了这个细节，但文本对于优秀的设计来说是至关重要的。即使是不懂设计的人，也会下意识地注意到作品构图中文字布局的统一和得体。虽然他们可能说不出为什么这个看起来要比另一个好，但是他们能够识别出哪个更好。一个好的设计师知道这一点，所以会多花 15 分钟来调整文本。

4.5.1 设计文字

我们已经在前一章中学习了添加文本的基础知识，现在让我们更深入地研究并真正开始设计文本。我们将从编辑基本的单行文本转移到探索多行文本中可用的间距和对齐选项。使用一些排版选项将有助于表达作品的情感。

创建多行文本的步骤如下。

1. 当你添加文本时，文本会被放置在一个新的图层上。要指定此图层在图层堆栈中的位置，请选择位于文本图层下面的图层后再创建文本。对于本项目，选择顶层。

2. 选择【横排文字工具】。

3. 单击要输入文本的位置，在单击的地方会出现一个文本插入点。

4. 在选项栏，选择“Myriad Pro”“Regular”“30 点”然后选择居中对齐文本，颜色设为白色（图 4.15）。

图 4.15 在选项栏中设置文本格式

5. 在文档中输入“GASOLINE”。按 Enter 键（Windows）或 Return 键（macOS），然后输入“HEART”。请注意，当你输入文本时，Photoshop 会显示文本的基线。

6. 单击选项栏中的按钮，将文本放到文档上。至此文本图层完成创建，基线也被隐藏起来了（图 4.16）。

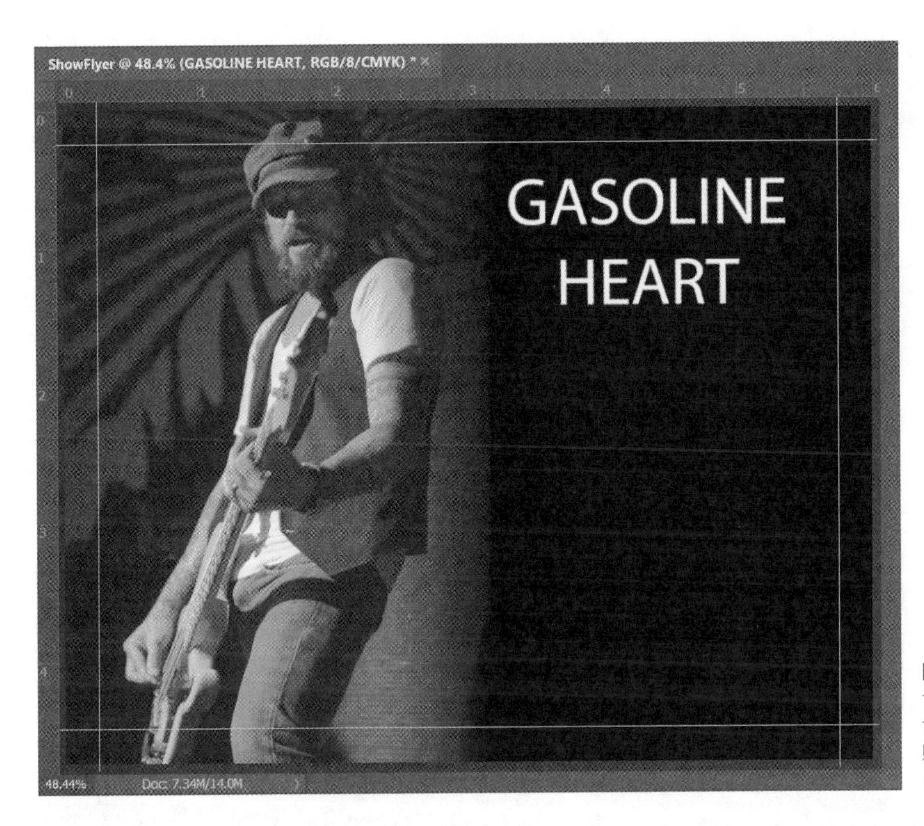

图 4.16 文本的默认设置并不适用于所有设计。一个好的设计师知道何时调整布景以获得更好的构图

4.5.2 调整字符设置

★ ACA 考试目标 4.2

初级设计师输入文本后便结束了文字部分的工作，但是优秀设计师会注意排版。字间距、水平字间距和行间距是每个设计师都需要知道的关于文本的 3 个术语。

- **字间距：**调整选择的文本中所有字符之间的间距。
- **水平字间距：**调节两个字符之间的空间。
- **行间距：**调整行与行之间的空间。

你还可以设置文字的水平缩放和垂直缩放，在指定的方向上拉伸文字。

对字符进行设置的步骤如下。

1. 用【横排文字工具】选择文本并对其进行微调。在文本图层，选

提示

你可以通过将指针放在对应的设置图标上，然后通过向左（减少取值）或向右（增加取值）拖动来直观地调整设置参数。

提示

在编辑文本时可以按住 Ctrl 键（Windows）或 Command 键（macOS）来重新塑造或移动文本框。

择单词“HEART”。

2．为了改善文本的外观，在字符面板中做以下更改。

- 输入“30 点”以减少行与行之间的空间。
- 在【水平缩放】文本框中输入“150%”以增加文本的宽度（图 4.17）。

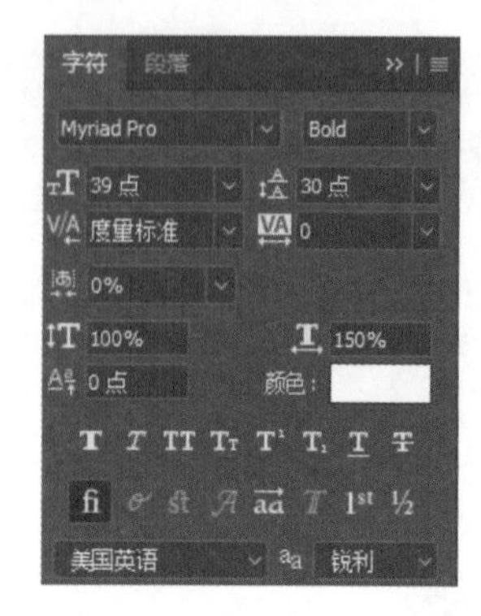

图 4.17 微调字符面板中的字符格式

3．在选项栏中单击✓按钮以保存对文本的修改（图 4.18）。

如你所见，这些小改变改善了这个传单的标题部分。花点时间设计文字总是会有回报的。糟糕的排版和差劲的设计会让人尖叫，而你并不想把这种感觉传达给客户，因为这不仅会降低客户对你的作品的信心，还会使你的整个作品失去特色。

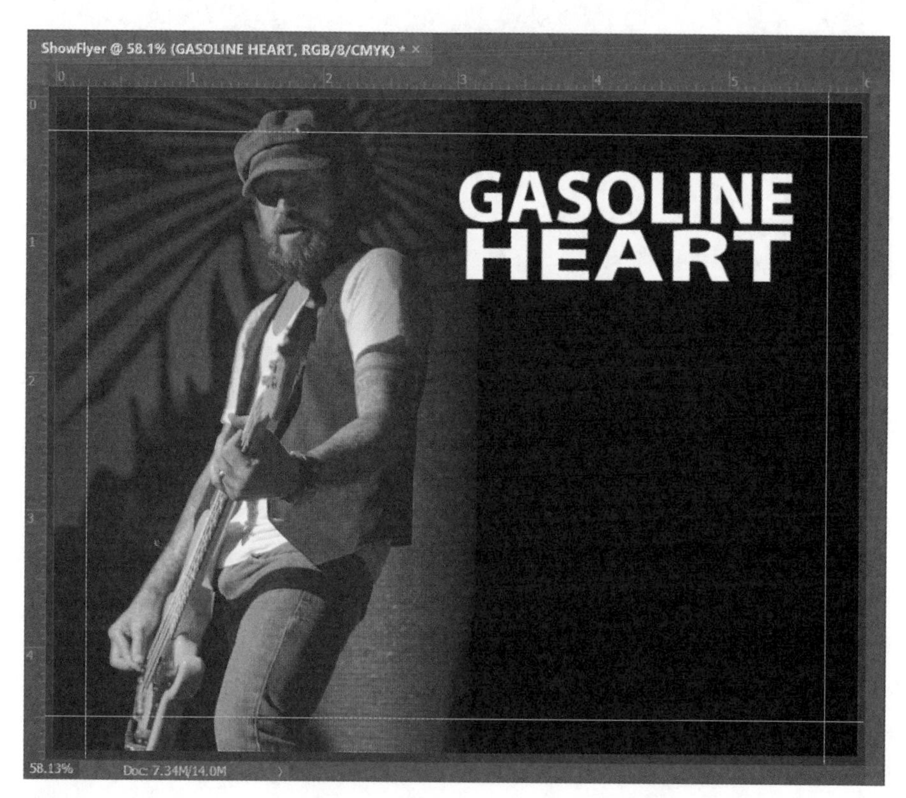

图 4.18 调整设置后文本看起来更统一、更有力量

4.5.3 添加事件信息

接下来要将剩余的事件信息添加到传单中。尝试在一个文本框中输入所有文本，然后使用字符设置将其设计为相似图形，再用【直排文字工具】将地点名称添加到传单中。

1. 将以下事件信息添加到传单上，每个事件信息为一行。

- 04.01.18
- $5 Doors
- 726 Peachpit Street
- Roof Access with Event Pass

2. 使用选项栏和其他你学过的技术来设置文本格式（图 4.19）。

3. 如果你的字符设置失去控制，你可以通过从字符面板菜单中选择【复位字符】来轻松地将它们恢复为默认值（图 4.20）。

图 4.19　添加到海报中的事件信息

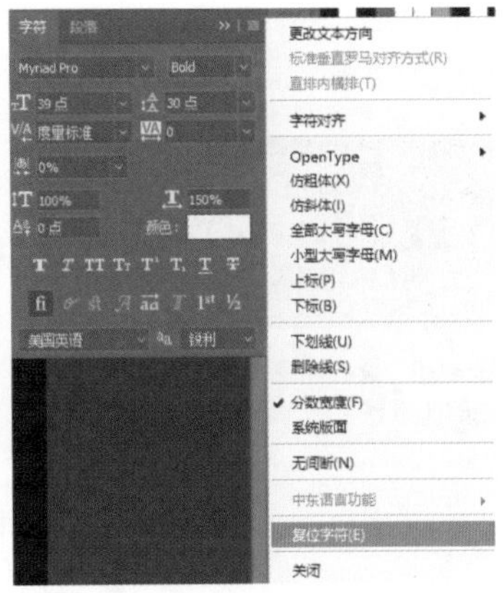

图 4.20　从字符面板菜单中选择【复位字符】，将字符设置恢复为默认值

4.5.4 对齐图层

★ ACA 考试目标 3.1

由于你刚才添加的所有文本都在不同的图层上，因此不能使用文本对齐工具将它们全部对齐，但是你可以使用移动工具轻松地对齐文档中的多个图层。

1. 在工具面板中，选择【移动工具】，或按 V 键。

2. 选择任何你想要对齐的图层。

3. 在【移动工具】选项栏中，选择要使用的对齐方式（图 4.21）。

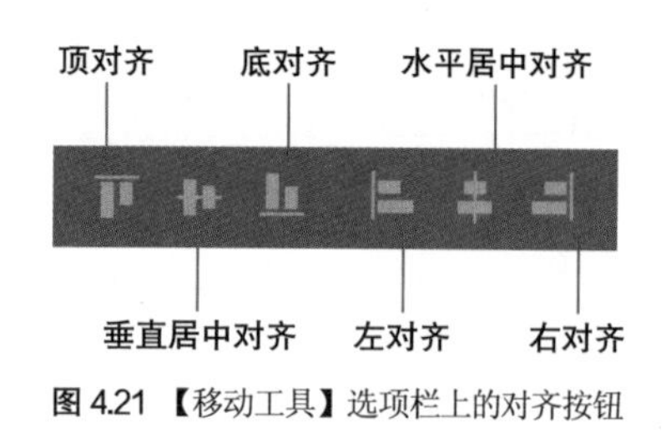

图 4.21 【移动工具】选项栏上的对齐按钮

本项目选择右对齐。

你可以将这些对齐方式应用于任何层的组合，包括不同类型的层。这些工具可以加快设计工作的速度，并帮助你更容易地在一个组合中排列元素。

★ ACA 考试目标 4.2

4.5.5 添加垂直文本

你可以通过两种方式创建垂直文本：将文本旋转 90 度或使用【直排文字工具】。【直排文字工具】可以将字符堆叠在文本层上。

为了帮助人们找到所在地，客户希望使用略宽的平板衬线字体，并将其垂直堆放。

为此，你将添加一个垂直文本图层。

图 4.22 选择隐藏在【横排文字工具】中的【直排文字工具】

1. 在工具面板中，长按【横排文字工具】以显示隐藏工具菜单，选择【直排文字工具】（图 4.22）。

2. 单击你想添加文字的地方，然后输入“THE VENUE”，文本在文档中垂直显示。

3. 选择文本并在字符面板中为其设置格式（图 4.23）。

- 字体：Rockwell（或类似的平板衬线字体）。
- 字符样式：Bold。
- 字体大小：36 点。
- 颜色：白色。
- 水平缩放：150%。

4. 在选项栏中单击✓按钮以创建垂直文本，并将文本放到页面上（图 4.24）。

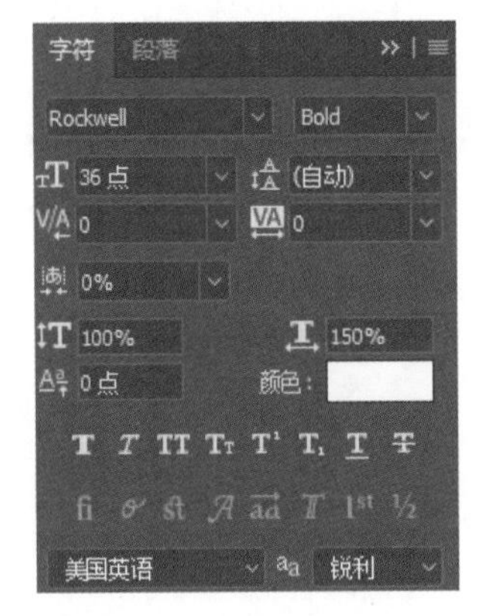

图 4.23 在字符面板中设置格式

现在所有的文本都输入传单中了，你需要采取一个非常重要的艺术步骤（它通常会被初级设计师忽略，但也是优秀设计的重要组成部分）。你需要看看自己的图像。

像艺术家一样观摩图像和技术人员或计算机用户看图像是截然不同的。诚然，你可以看到所有的信息，但是哪些可以被修正、调整或完善呢？妨碍信息传递的问题在哪里呢？

图 4.24 带有地点信息的传单

升级挑战：像艺术家一样

我说的不是留着笔尖形的小胡子或者戴贝雷帽（虽然那可能有点酷）。我的意思是，要像艺术家一样看待你的设计。在本书中，我不希望你只是用 Photoshop 来完成这些项目，我想让你学会使用 Photoshop 来创建富有表现力的、交流性的，能展示美感并且在视觉上极具吸引力的设计。花点时间停一停、看一看、想一想，分析并提出问题。这些才是艺术家真正应掌握的技能，使用 Photoshop 与之相比很简单。

想像艺术家一样思考，难度要大得多。但花点时间来批判性地评价你的作品，你的艺术能力会提升得更快，做设计时你也会更加得心应手。

- Level I：以全新的视角审视你的作品。被自己的作品所蒙蔽是很正常的。此时，你应站起来看一会儿别的东西、访问一个设计网站或浏览一本精心设计的杂志，然后回来重新审视你的设计，批判性地评价它对你提升艺术能力会有所帮助。许多设计师都会把图像倒过来看，这是一个迫使你以一种新的方式来看待它的好方法。
- Level II：征求他人对设计的意见。他看到了什么？他喜欢或不喜欢这个设计的哪些地方？
- Level III：找到其他艺术家解决你在设计中发现的问题的例子，然后借鉴这些想法。这不是剽窃，这是研究！每名艺术家都应该向更优秀的艺术家学习。

★ ACA 考试目标 2.6

★ ACA 考试目标 3.1

★ ACA 考试目标 4.6

4.6 使用有创意的工具

现在我们到了可以让 Photoshop 的设计更优秀的地方。你会学到一些我在过去 20 年数字设计工作中学会和发展起来的很棒的技巧。我要分享给你的一些工具的使用技巧很简单，但是并不常用，它们都来自我试验、探索应用程序和尝试解决问题的过程。我失败的次数比我知道的其他设计师都要多，但我认为这是一种胜利！我失败是因为我善于尝试和试验，因为我经常失败，所以我也经常成功。

正如我们所探讨的，请记住，这些不是设计问题的答案，而是针对特定的设计问题的有效解决方案。在探索这些工具时，请考虑我们使用的设置会被如何更改，以及如何在设计中使用这些工具创建不同的外观。这些都是尝试和试验。

4.6.1 使用样式解决设计问题

★ ACA 考试目标 4.6

在当前项目中最明显的问题之一是场地的名称——“THE VENUE”很难读懂。因为这个项目是针对一个事件的，所以位置信息十分关键。

不幸的是，尽管图像的大部分都很暗，但右下角包含文字的部分恰好是图像中最亮的区域之一。你可以尝试遮住文档的左边缘，但那样会在图像上留下一条奇怪的条纹。幸运的是，你可以向文本图层添加样式，这样任何效果都可以应用于该层的所有内容。

创建一个图层样式的步骤如下。

1. 选择你想要添加效果的图层。本项目选择【The Venue】文本图层。

2. 在图层面板底部，单击【添加图层样式】按钮 fx（图 4.25），打开【效果】菜单（图 4.26）。

3. 选择菜单中的【外发光】命令。

注释

图层样式和图层效果非常相似。从技术上讲，图层效果是你应用到图层上的设置，而样式是一组可以应用到图层上的效果和设置。在这个行业中，很多人会交替使用这两个术语。

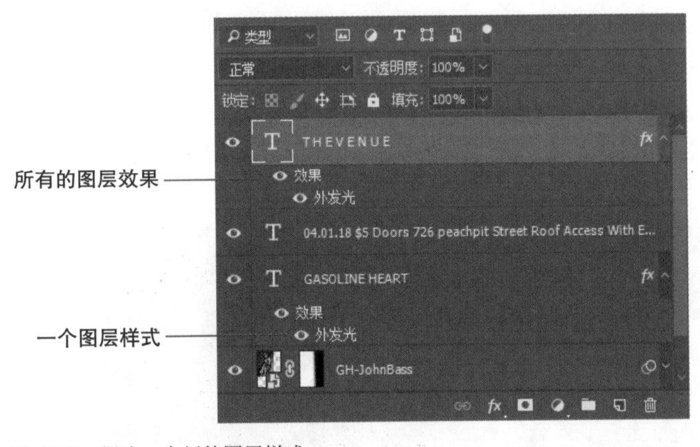

图 4.25 创建一个新的图层样式

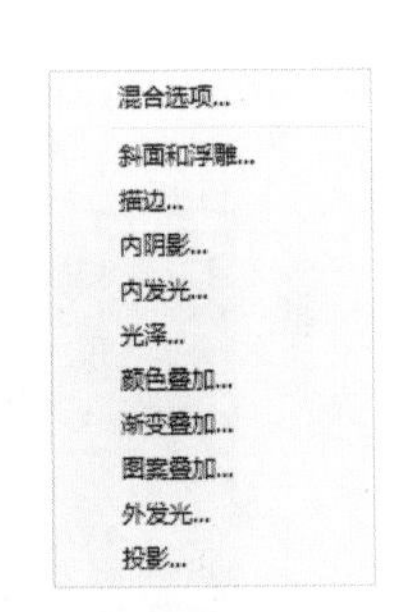

图 4.26 图层面板的【效果】菜单

4. 在【图层样式】对话框的【外发光】选项中，指定如下内容（图 4.27）。

- 混合模式：正常。
- 不透明度：81%。
- 颜色：黑色。
- 扩展：28%。
- 大小：76 像素。

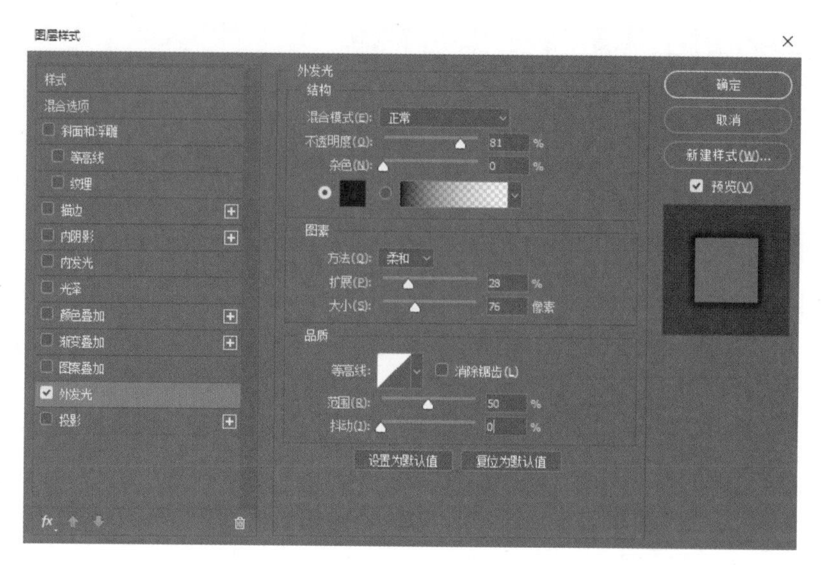

图 4.27 【图层样式】对话框的【外发光】选项

你可以通过观察来评估和调整这些设置，选择【预览】来查看这些设置如何影响你的图层。因为每个项目都是不同的，所以你会发现每个新项目的设置都需要进行调整。

5．单击【确定】按钮，将图层样式应用到图层上（图 4.28）。

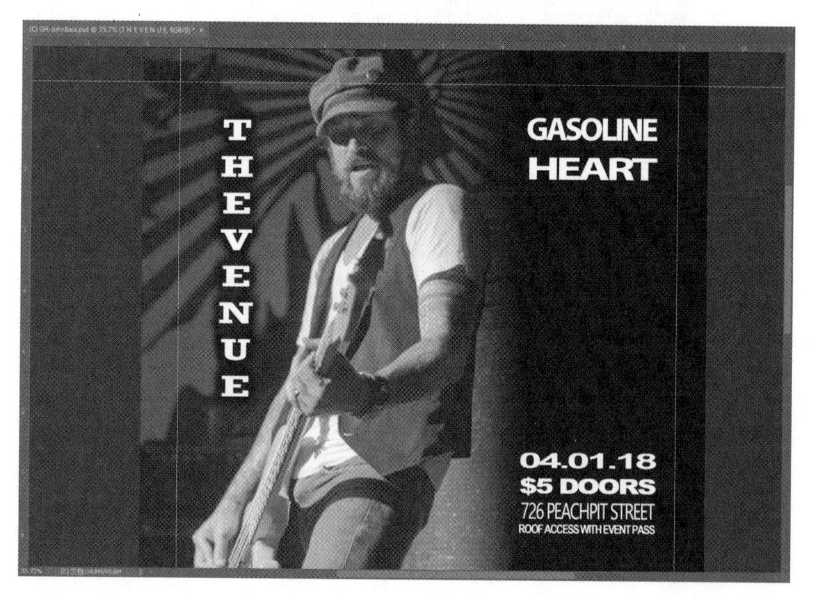

图 4.28 黑色外发光效果有助于文本与一个高对比度的背景图像区分开来，而不会太明显

你可以看到，字母周围的黑色区域与背景形成强烈的对比，使文本更容易阅读。柔和的边缘看起来不会像实线那么生硬。将文本设计成某种透明和淡入的样式，可以使尖锐的边框可能造成的视觉干扰最小化。

保存样式以供重复使用

样式有时也需要一段时间来设置。即使这个设置相对简单，但仍然可以保存它，以便在另一个图层或另一个项目上再次使用。使用保存的样式时，效果是一致的，并且可以轻松地进行全局更改。

1. 选择你想保存的样式所在的图层。在本项目中，选择【The Venue】图层。

2. 在样式面板中，单击【创建新样式】按钮 （图 4.29）。

3. 在【新建样式】对话框中，在【名称】文本框中输入“BlackGlow Title”。

4. 选择【包含图层效果】和【添加到我的当前库】，然后单击【确定】按钮（图 4.30）。

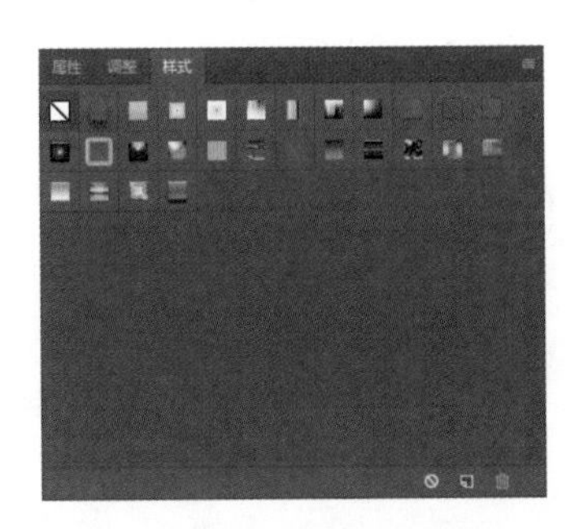

图 4.29　样式面板底部的【创建新样式】按钮

图 4.30　在【新建样式】对话框中输入样式名

保存样式的好处显而易见：你可以在任何时候重新使用它们！构建一组定制的样式可以使你在未来的项目中节省大量时间。此外，自定义样式会优化你的项目，并为你的作品添加个人设计感。

提示

要查看样式的名称，可以将鼠标指针放到它的图标上。在短暂的延迟之后，名称将出现在工具提示中（图 4.31）。

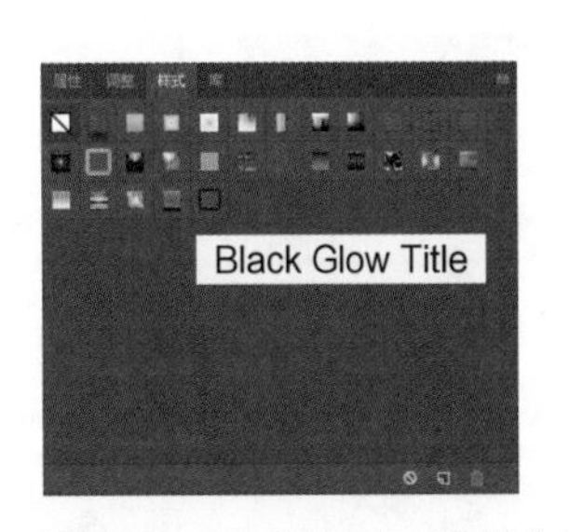

图 4.31　工具提示中显示的样式名

管理样式

更改、隐藏或删除样式的操作如下。

- 要在一个图层上编辑一个样式，双击样式即可进行设置。
- 要在图层中隐藏一个样式，可以单击图层样式旁边的眼睛按钮。
- 要从图层中删除一个样式，可以将样式拖动到图层面板中的【删除图层】按钮上，或右击样式并从弹出的快捷菜单中选择【清除图层样式】选项（在 macOS 中按 Control 键并单击）。
- 要将一个样式从一个图层复制到另一个图层，可以右击有你想复制的样式的图层，然后选择【拷贝图层样式】选项。然后右击目标图层，选择【粘贴图层样式】选项（在 macOS 中按 Control 键并单击）。

4.6.2 格式化传单标题

接下来让我们把更多的注意力放在标题带上。客户说他们很受当地人喜爱，他们也认为传单可以多用一点"流行元素"（客户总是说要用更多的"流行元素"）。接下来将分享我多年来开发的一个技巧——"发光的幽灵"效果。

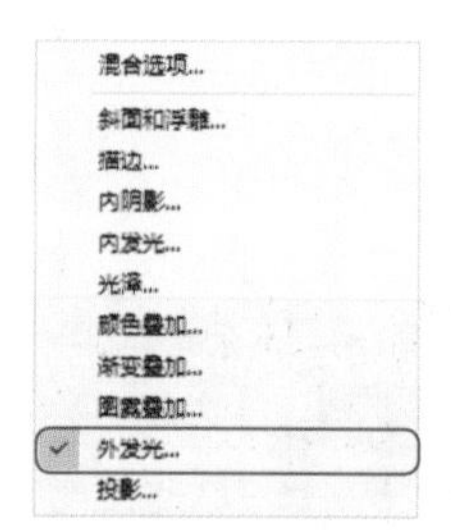

图 4.32 选择【外发光】

1. 在图层面板中，选择你想要改变的图层。在本项目中，选择【Gasoline Heart】图层。

2. 单击【添加图层样式】按钮 fx，从菜单中选择【外发光】选项（图 4.32）。

3. 在【图层样式】对话框的【外发光】选项中，将具体选项设置如下（图 4.33）。

- 混合模式：正常。
- 不透明度：100%。
- 颜色：白色。
- 扩展：6%。
- 大小：40 像素。

请记住选择【预览】来查看这些更改如何影响该图层。

4. 单击【确定】按钮，为图层创建图层样式。

5. 在图层面板的【填充】文本框中输入"0"（图 4.34）。

提示

如果你的设置失控，请单击【复位默认值】按钮将其还原为默认设置。

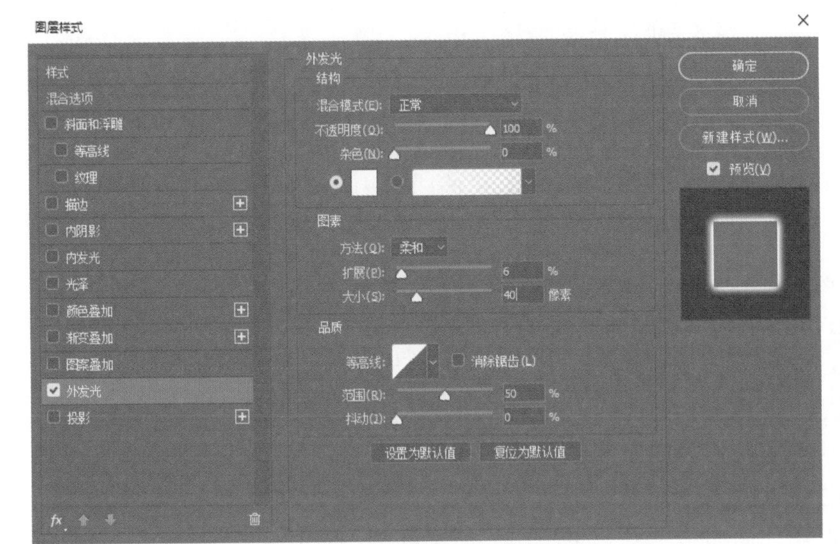

图 4.33　为标题添加效果

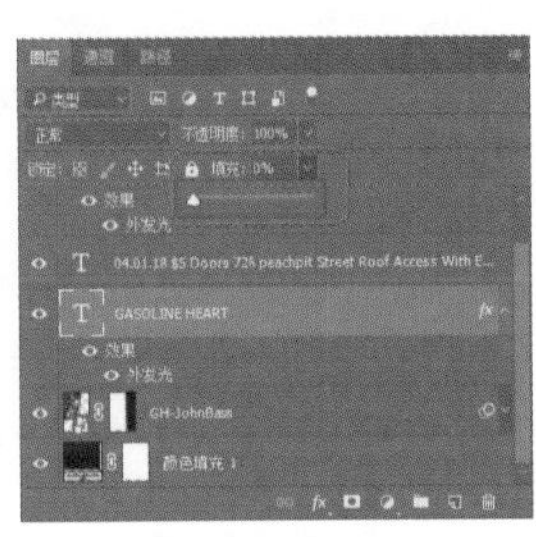

图 4.34　图层【填充】

这时文本变得透明，但是白色的外发光图层样式保持不变（图 4.35）。

这种效果通常可以在不引入颜色或调整设计元素的情况下，让文本从你的设计中脱颖而出。我喜欢使用这些技巧，因为它们代表了对外发光效果的稍微不同寻常的使用方法，并说明了这些工具在 Photoshop 中应用的灵活性。

图 4.35　使用效果来区分文本和背景

注释

改变【填充】值会改变图层内容的不透明度，但不会改变图层效果。然而，改变【不透明度】值会改变图层和效果

★ ACA 考试目标 5.2

4.6.3 保存你的作品

你已经做了很多工作，在继续其他工作之前，请快速保存你的作品。我还想教你一个应该养成的习惯，虽然有些人认为这个习惯是多余和不必要的，但它不止一次地把我从灾难中拯救出来。这个习惯是保存文件后，再次使用不同的文件名保存它。也就是说，在你将当前文件保存为"ShowFlyer"之后。选择【文件】>【存储为】，将文件另存为"ShowFlyer-v2.psd"，然后继续工作。

这些步骤将创建两个文件：一个用于保存，另一个用于继续处理。这不是一个万无一失的解决方案，但它可以在文件损坏时保存你的文件。硬盘很廉价，但你的时间很宝贵。请养成良好的习惯来保护你现在的作品，避免以后的"头疼"。

现在，你的传单看起来不错。如果这是一个仓促完成的作品，我甚至会说呈现给客户是没问题的。但是你仍然可以执行一些非必要的改进来提升设计。

★ ACA 考试目标 3.3

4.6.4 使用滤镜

★ ACA 考试目标 4.6

注释

智能滤镜曾经非常有限，但现在几乎每个滤镜都可以作为智能滤镜来使用。除非你有特定的原因，否则最好的做法是在编辑之前将一个图层转换为一个智能对象图层。

正如你使用效果（通过图层样式）来提高你文本的可见性，你也可以使用滤镜来改善图像。像效果一样，滤镜会改变图像的外观。

虽然可以将样式和滤镜两者都应用于图层，但是样式最好应用于文本和形状图层，而滤镜更适合应用于图像。滤镜通常还可以对图像进行更复杂的调整和操作。由于你的图像图层是一个智能对象，因此在本项目中，你将创建应用于智能对象图层的智能滤镜。这种技术可以为你的项目提供最大的灵活性和最简易的编辑方式。

4.6.5 添加智能滤镜

给图层添加一个智能滤镜的步骤如下。

1. 选择包含智能对象的图层。在本项目中，选择贝斯手所在的图层。

如果该图层不是智能对象，可以通过选择【滤镜】>【转换为智能滤镜】将其转换为智能对象（图 4.36）。

2．在【滤镜】菜单中，选择要在图像上使用的滤镜。这个项目中，选择【滤镜】>【模糊】>【表面模糊】。

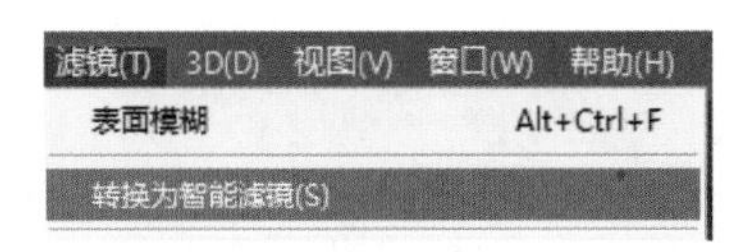

图 4.36 为智能滤镜准备一个智能对象

滤镜库

在【滤镜】菜单中，你将发现一个名为【滤镜库】的选项，该选项允许你快速预览多个滤镜（图 4.37）。在这个项目中你不会用到它们，但是你需要花一些时间来探究一下它们，以供将来使用。滤镜库中包括艺术、笔触、扭曲、素描、风格化和纹理等类别的滤镜。

图 4.37 滤镜库非常适合试验各种滤镜

3．在【表面模糊】对话框中，指定如下内容（图 4.38）。

- 半径: 40 像素。
- 阈值: 200 色阶。

4．选择【预览】，查看图像设置前后的变化，然后单击【确定】按钮。

智能滤镜出现在它所影响的图层下方（图 4.39）。

图 4.38 【表面模糊】对话框

图 4.39 智能滤镜直接出现在它影响的图层下方

虽然这看起来不太好，但没关系，因为你只是在为下一步做准备。你要在滤镜上“挖洞”来隐藏滤镜在图像的某些区域的效果。

★ ACA 考试目标 4.5

4.6.6 调整智能滤镜

你可以在对话框中预览智能滤镜的最终结果，因为后期你可能想要调整滤镜设置。当你不使用智能滤镜时，可以选择【编辑】>【后退一步】来撤销步骤。你可以很容易地在图层面板中调整智能滤镜图层的设置，步骤如下。

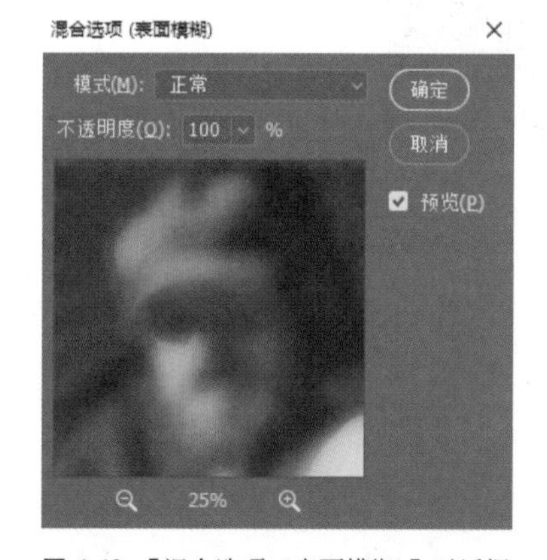

图 4.40 【混合选项（表面模糊）】对话框

1. 在图层面板中，双击智能滤镜的名字。

2. 在【智能滤镜】对话框中，根据需要调整滤镜设置。

3. 单击【确定】按钮把更改应用到你的智能滤镜中。

4. 要调整智能滤镜与智能图层的混合模式，可以双击你想调整的智能滤镜旁边的滤镜【混合选项】按钮。

该滤镜的【混合选项】对话框出现（图 4.40）。

5. 从【模式】下拉列表框中选择不同的混合模式，在【不透明度】文本框中输入不同的值来修改效果。

6. 选择【预览】来比较编辑过和未编辑过的图像，然后单击【确定】按钮将更改应用到智能滤镜。

4.6.7 智能滤镜蒙版

★ ACA 考试目标 3.2

智能滤镜总是包含一个蒙版，它与图层上使用的蒙版类似，允许你控制智能滤镜的可见性。在此之前，你是使用渐变制造一个图层褪色的效果；现在你只需要在蒙版上“挖几个洞”，显示未使用滤镜的图像。

你可以切割这个蒙版，然后用黑色填充蒙版上的区域。这个方法引入了一些新的概念，但是它们非常简单。

在你的图像上隐藏部分智能滤镜的步骤如下。

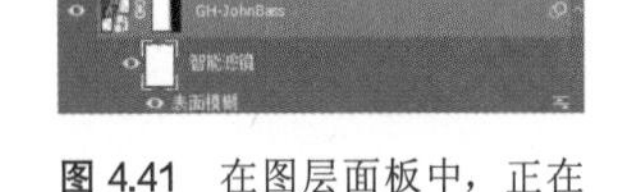

图 4.41 在图层面板中，正在使用的蒙版周围会显示白色的角

1．单击智能滤镜的蒙版。蒙版周围出现白色的角，表示它已被选中（图 4.41）。

2．按 D 键切换成默认的白色前景色和黑色背景色。

3．在工具面板中，选择【矩形选框工具】，鼠标指针变成“十”字。

4．在选项栏中，确认【羽化】被设置为“0 像素”,【样式】为“正常”（图 4.42）。

提示

按 X 键可反转前景色和背景色。

图 4.42 【矩形选框工具】的选项栏

5．选择图像的区域，填充黑色可以隐藏它们，填充白色可以显示智能滤镜效果（图 4.43）。

提示

你可以使用键盘快捷键来填充你选择的区域。按快捷键 Alt+Backspace（Windows）或 Option+ Delete（macOS）可以填充前景色，按快捷键 Ctrl+Backspace（Windows）或 Command+Delete（macOS）可以填充背景色。

图 4.43 注意蒙版对应于图像的有效区域：黑色隐藏，白色显示

使用此方法会很容易修改应用于图像的效果。使用智能滤镜的好处在于它们是无损的，你可以使用蒙版来改变或移除效果。

★ ACA 考试目标 4.6

4.6.8 深入探索

教如何使用滤镜、样式和其他效果是一个困难的过程，因为如果我们简单地指定要放入文本框的值，就没办法创建自己的设计。死记硬背不是让你变优秀的方法。在真实的设计世界中，你必须亲自进行大量的试验和猜测，体验失败。这是整个过程的关键部分。你需要探索和试验，以便能够偶然发现自己的设计风格和诀窍。

本书的项目非常简单也很容易完成，它们必须如此，因为我想确保你在尝试新事物时感到舒适。你可以一直复制一个图层，做一些疯狂的事情！你不需要花费任何东西就可以很轻易地清除无用的试验图层。

★ ACA 考试目标 1.2

4.7 客户审查

你的设计准备好后，需要等待客户的审查，然后便可以将其保存为可以提供给商业胶印机使用的格式。

你要精确地向客户展示最终打印结果的大小，以便在客户获得最终产品时不会产生任何误解。

4.7.1 隐藏出血位

因为你的文档有出血位，所以 Photoshop 文档比最终打印出来的要大。为此我开发了一个小技巧来消除客户的误解，让他们更好地了解最终的文档是什么样子的。具体方法是创建一个新的背景颜色图层，然后在参考线的切割线上“钻孔”，以模拟最终裁剪文档的外观。

1．单击文档的顶层，选择它。

2．在图层面板中，单击【创建新图层】按钮，命名图层为“Bleed Sim”。

3．按 D 键切换成默认的颜色，即黑色的前景色和白色的背景色。

4．按快捷键 Alt+Backspace（Windows）或 Option+Delete（macOS）为图层填充黑色前景色。

5．调整图层使其与背景完美匹配。选择【图像】>【调整】>【色相/饱和度】，将【饱和度】设置为“0”，【明度】设置为“+13”。

6．选择【矩形选框工具】，选择参考线定义的区域。

默认情况下，当鼠标指针靠近参考线时，鼠标指针会与参考线对齐。如果没有，则选择【视图】>【对齐】。

7．按 Backspace 键（Windows）或 Delete 键（macOS）删除所选区域。

现在你的设计模拟了打印图像的最终尺寸（图 4.44）。

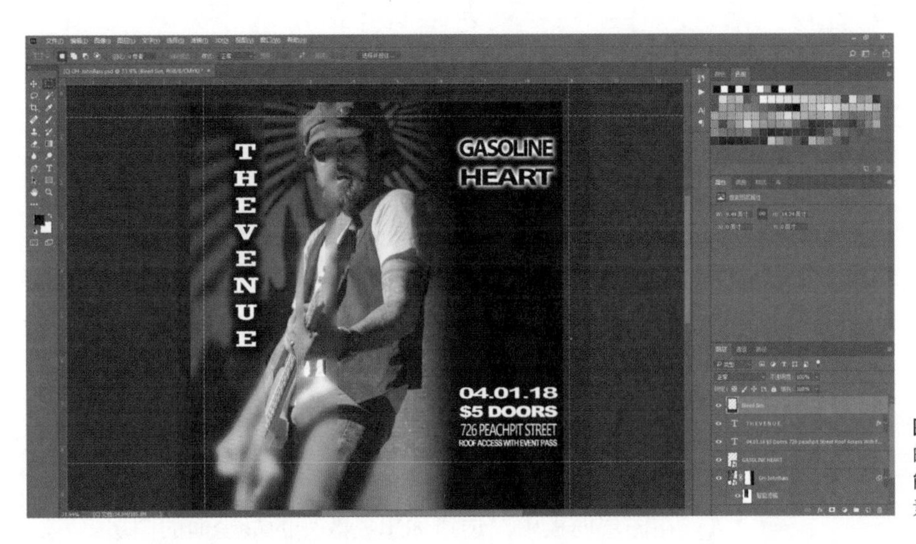

图 4.44 模拟了最终的打印尺寸后，你可能想调整图像上的元素

这个方法还可以让你预览设计，因为你可以看到全图。有时仅根据参考线很难看到图像裁剪后的大小。创建该图层之后，你可能想微调元素或调整项目的大小，请随意对文档进行任何必要的更改吧。

4.7.2 以打印尺寸查看

要按打印大小查看设计，请选择【视图】>【打印尺寸】（图 4.45）。系统会使用你选的分辨率在屏幕上模拟最终的打印尺寸。最终效果取决于屏幕分辨率的正确校准，它们应该接近现实。通过这一步，客户可以根据他在屏幕上看到的内容而预料不同的尺寸。

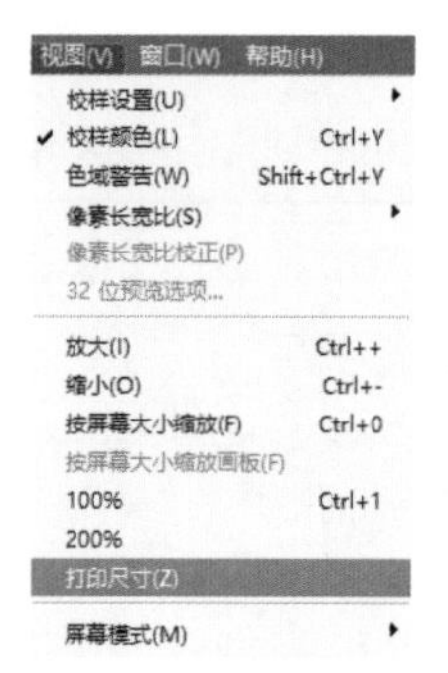

图 4.45 选择【视图】>【打印尺寸】，以查看设计打印时的大致尺寸

4.7.3 提供校样

我们在设置文档时已经讨论过这个问题，但是你还需要再次确认文档处于软校样视图中。你可以说你使用了软校样，因为 CMYK 出现在标题栏的文件名后。你也可以按快捷键 Ctrl+Y（Windows）或 Command+Y（macOS）来切换软校样。

这时，你得到了成品图像的样子。如果到目前为止你和客户还没有太多的沟通，那么此时讨论这个问题是非常必要的。

4.7.4 根据客户要求调整设计

有时客户会在最终审查时要求更改，可能会是编辑文本、移动元素，或者进行其他更重要的更改。

★ ACA 考试目标 3.3

★ ACA 考试目标 4.5

★ ACA 考试目标 5.1

如果客户说图像太暗，他希望贝斯手有更多的“流行元素”，那么你可能会遇到一个问题，即从【图像】菜单中选择的调整项目会受到滤镜蒙版的限制。不过有一个简单的解决方案：使用一个调整图层。

调整图层类似智能滤镜，它们可以在不改变图像信息的情况下影响图层。但是默认情况下，一个调整图层会影响它下面的所有图层，而不是一个图层。这种技术有时很有用，它可以按客户最终的要求完成图像的调整。

创建和使用一个调整图层的步骤如下。

1. 在图层面板中，选择你想要改变的最上面的图层。
2. 在调整面板中，选择你想要使用的调整。现在，单击【曲线】按钮。
3. 在属性面板（图 4.46）中，单击【自动】按钮使图像变亮。你也可以选择【预设】选项或手动调整曲线。
4. 最小化属性面板（图 4.47）。

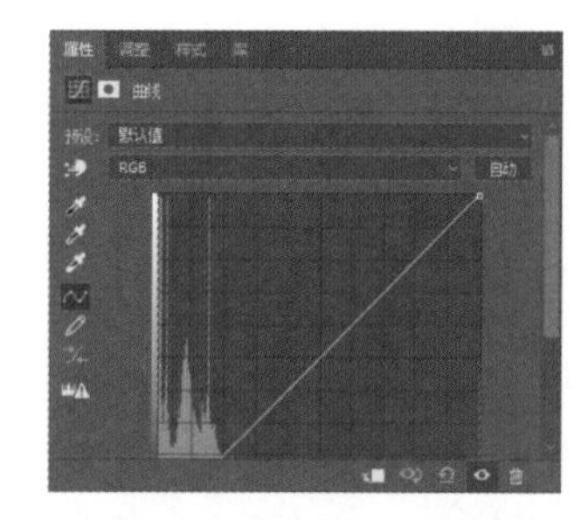

图 4.46 用于曲线调整的属性面板

根据你拥有的图像和客户想要的样式，你可能需要试验调整。调整图层是完全无损的，所以你不会破坏原始图像。此外，你可以轻易地显示、隐藏调整图层，得到你想要的外观。

图 4.47 完成客户要求的更改后的最终设计

提示

当我为客户设计作品时，我总是保存一份1000像素的备份，并将其添加到我的文件夹中，以供客户用于社交媒体营销。具体做法是将Photoshop文档保存为JPEG格式，最大尺寸为1000像素。

4.7.5 保存文档

所有的修改完成，客户也满意了，现在让我们导出最终的设计。在此之前，将文档保存为未修改的Photoshop文档，以防客户要求进行其他更改。

4.8 确定最终版

★ ACA 考试目标 5.1

★ ACA 考试目标 5.2

如果客户对设计感到满意，那么就应该将其保存为最终形式。由于这是一个打印作品，所以你需要用几种格式保存项目，以支持各种用途。通常你需要交付的最终格式会由客户或打印店指定。如果有疑问，一定要和客户确认他们最终需要的设计格式。如果客户在这方面没有很多的经验，则你可能需要指导他们做出决定。

一个好的设计师应该了解一些信誉良好的印刷厂，以便向客户介绍工作流程。

4.8.1 转换为 CMYK

本章中制作的文档将在胶印机上进行商业印刷，所以你需要将 PSD

文档的颜色空间转换成 CMYK，并拼合文档以减小其尺寸。

拼合一个文档会合并所有可见的图层，丢弃所有不可见的东西。请确保你有最终形式的文档，并准备好交付印刷，然后按如下方式进行拼合。

警告

如果你创建了用来隐藏出血位的图层，拼合文档之前一定要隐藏或删除该图层。

1. 在图层面板菜单中，选择【拼合图像】选项（图 4.48）。

2. 当出现询问“要扔掉隐藏的图层吗？”的警告时，单击【确定】按钮。

可见图层会被合并成一个单一的背景层。

现在 Photoshop 文档被拼合了，你要把它转换成 CMYK 颜色空间。为此，选择【图像】>【模式】>【CMYK 颜色】，在出现的对话框中单击【确定】按钮，将文档放到商业印刷所需的颜色空间中（图 4.49）。

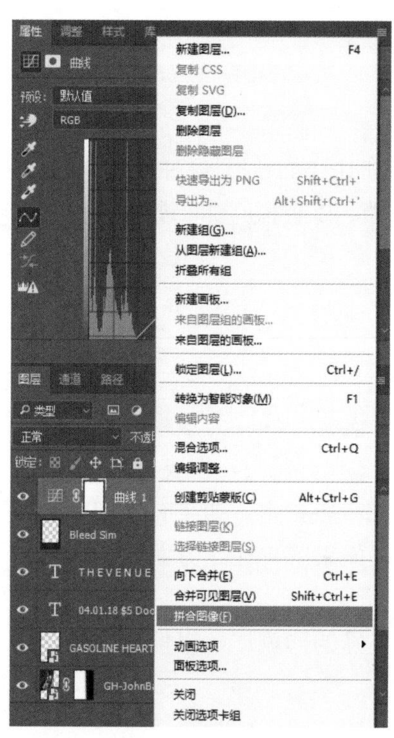

图 4.48　你有多种方法来拼合一个文档，但是使用图层面板菜单是最方便的

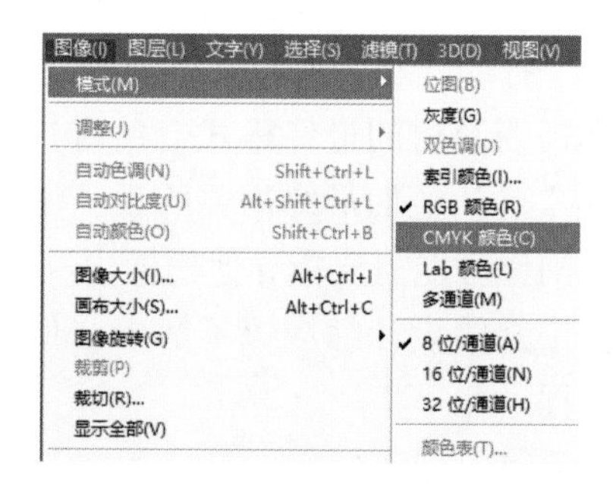

图 4.49　CMYK 是商用印刷机使用的颜色空间。印刷文件前，请将其转换成 CMYK 颜色空间，以避免你的最终产品出现颜色问题

注释

如果你已经选择了【不再显示】，则对话框将不会出现。

4.8.2 保存副本

你已经将该文档拼合并将其转换为 CMYK 颜色用于打印，接下来你应保存该文档并将其发送到打印机。因为不想覆盖分层的文档，所以要将准备打印的版本保存为单独的文件。

请务必选择【文件】>【存储为】，这样就不会覆盖你的原始图层。将文档保存为“ShowFlyerFLATCMYK.psd”，保存位置与原始文档相同。

升级挑战：梦想事件

在本章的项目中，你了解了许多用于为事件创建文档的很酷的工具，但是每个事件都是不同的。根据每个客户的目标和目标受众，你需要为设计创建不同的外观、风格和布局。

接受升级挑战，深入挖掘、提升你的技能。

- Level I：使用你在网上找到的图像和本章所学的工具，制作一张活动传单（真实的或虚构的）。
- Level II：使用不同的字体、样式和效果，制作一张与本章中创建的传单的感觉完全不同的传单。探索和试验本章所用的工具。
- Level III：为学校、公司或机构的其他人制作传单。学会与你的客户一起工作，并帮助他们设计出符合他们目标的传单。

本章目标

学习目标

- 在 Photoshop 工作区中处理多幅图像。
- 进行有效的选择并为图像添加蒙版，以使图像融合得更好。
- 修改画布以扩展图像区域。
- 使用色彩调节工具使合成图像变得逼真。
- 使用【内容感知移动工具】和扩展功能。
- 保存文件。

ACA 考试目标

- 考试范围 2.0
  项目设置和界面 2.4
- 考试范围 3.0
  文件组织 3.1 和 3.2
- 考试范围 4.0
  创建和修改视觉元素 4.3、4.4、4.5 和 4.6
- 考试范围 5.0
  使用 Photoshop 发布数字图像 5.2

第 5 章

虚拟生物

在本章中，我们将制作一些全新的内容。我一生中看到的最神奇的图像就是用 Photoshop 创作出来的。无论是电影海报中的怪物还是书籍封面上的神话人物，它们都很逼真，这着实令人惊讶。在接下来的项目中，我们将创造一个虚拟生物，对其进行完善并将其设置为桌面和手机壁纸。

在本章中，你将采用把多幅图像合并成为一幅图像的方式创造出一个虚拟生物。这是运用 Photoshop 的一种普遍方式，在本项目中你学习的技能可以运用到任何其他合成项目中。该项目运用的主要技能是选择并将图层与蒙版结合在一起——这些技能此前已经有所介绍。

5.1 创造一个虚拟生物

★ ACA 考试目标 2.4

学习一些重要的合成秘诀的最好方法是创造出一种真正奇怪的生物：以两种截然不同的动物的图像开始。为了继续此特定项目，请使用第 5 章的下载文件夹中的文件 BieberBull.jpg 和 PBlion-721836.jpg。

初次尝试时，建议你使用我们提供的图像。但是随着你自信心的不断提升，你可以自己选择图像并按照相同的步骤进行操作。

同时打开两幅图像，你会看到一幅是公牛，另一幅是狮子。要在【打开】对话框中同时打开它们，请按 Ctrl 键（Windows）或 Command 键（macOS）并单击以选择多个文件。

技巧

在考虑将哪些图像用于自己的项目时，请注意动物的注视方向。例如，如果一幅图像中的动物在向前看，请确保另一幅图像中的动物也在向前看。如果一幅图像中的动物朝侧面看，选第二幅图像时要确保其中的动物的视线朝向的角度是相似的（记住这一点你就可以翻转图像）。

★ ACA 考试目标 4.3

★ ACA 考试目标 3.1

5.1.1 选取牛角

实际上，你将要做的是把公牛的角放在狮子的头上（图 5.1）。记住，单击文档窗口顶部的选项卡名称可以控制显示的图像。你可以使用任何适合此操作的任何工具，但最有效的工具是【快速选择工具】。该工具实际上允许你“绘制”一个选区。它很难用文字解释，因此请务必查看教学视频以了解概况。在选择牛角时，请确保选取了一些毛发。将牛角放置在狮子的图像中后，你就能尝试采用几种不同的方法来使用这些角。

选择好牛角后，应先处理好角的边缘再将其复制到其他图像上。这有助于在将像素从一幅图像移动到另一幅图像之前完善你的选区。

+

=

图 5.1 你可以把两个普通的动物组合成一个虚拟生物

优化选区时，可以遵循以下操作。

1．选择【选择】>【选择并遮住】（图 5.2）。

2．在属性面板中，使用 Photoshop 界面中的【预览】选项来调整边缘以确定设置。在这种情况下，采用类似以下设置的内容的效果看起来不错（图 5.3）。

- 平滑：60。
- 对比度：40%。

3．单击【确定】按钮。

技巧

你也可以单击选项栏中的【选择并遮住】按钮以打开属性面板

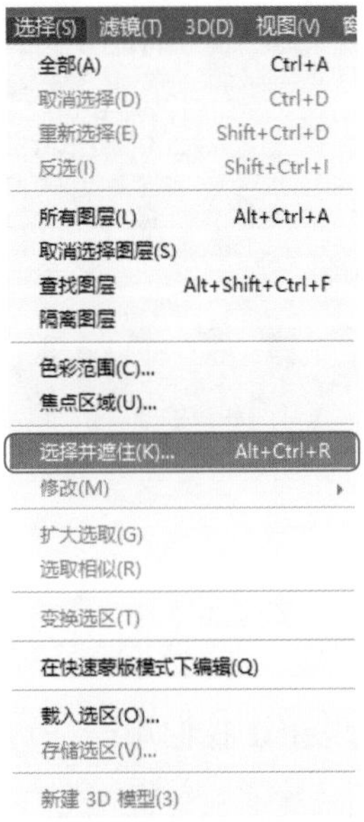

图 5.2　选择【选择】>【选择并遮住】以调整选区的边缘

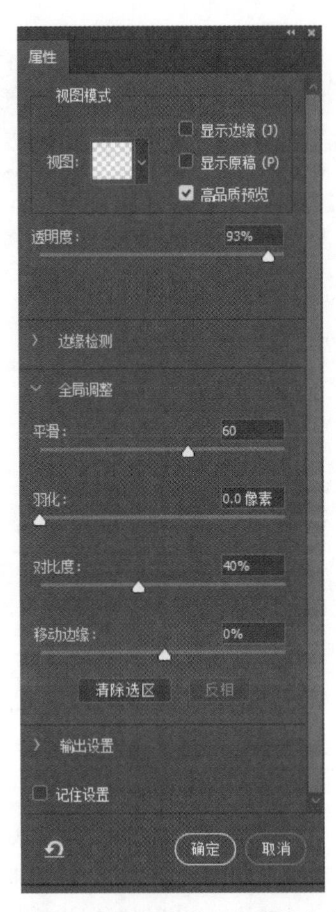

图 5.3　在属性面板中更改【平滑】和【对比度】值

现在，你已经选择了合适的角，将其复制并粘贴到了包含狮子图像的文档窗口中（图 5.4）。这会将牛角放在文档的新图层上。复制图像后，可以关闭公牛所在文档的窗口，不保存任何更改。

技巧

【选择并遮住】中的视图模式可为你提供不同的查看方式，最适合你的方式取决于你正在处理的图像。对于此图像，我使用了白底视图，并将【透明度】设置为 90% 以上。

技巧

在某些图像中，拍摄对象是孤立的，没有背景。在这种情况下创建选区的最简单方法是选择背景，反转选区，然后将其复制并粘贴到你的文档中。

图 5.4 初次把牛角复制到狮子图像中，效果还不是很真实

★ ACA 考试目标 4.4

5.1.2 改变牛角朝向

这里有一个问题：牛角的朝向是错误的。所以现在让我们用一些可以转换图像的基本工具来对图像进行更改。

首先，将牛角的这个图层转换为智能对象，确保可以无破坏地进行编辑（选择图层面板菜单中的【转换为智能对象】），然后通过选择【编辑】>【变换】>【水平翻转】来水平翻转牛角。

接下来，手动旋转牛角。你将使用【自由变换】工具来执行此操作，因为此工具允许你直观地修改设置并进行试验。

要自由变换选区，可进行以下操作。

1. 选择【编辑】>【自由变换】，也可以按快捷键 Ctrl + T（Windows）或 Command + T（macOS）。

转动牛角到正确的位置并设置合适的大小。

2. 调整好角的位置和大小后，按 Enter 键（Windows）或 Return 键（macOS）保存更改，也可以在选项栏中单击✓按钮以提交更改。

警示

你可以通过两种方法旋转和翻转图像，但是它们是有区别的，别把它们弄混了！【图像】>【图像旋转】命令会影响整个文档和所有图层。【编辑】>【变换】命令仅影响选择的图层或像素。

技巧

按住 Shift 键的同时拖动鼠标可以调整变换的比例。

5.1.3 扩展画布

★ ACA 考试目标 4.4

如果图像超出画布，可以使用【裁剪工具】轻松手动扩展画布。选择【裁剪工具】后，可以将画布拖动到所需大小，然后按 Enter 键（Windows）或 Return 键（macOS）提交更改。你也可以使用第 3 章中介绍的其他方法来扩展画布。此图像仍需要进行调整（图 5.5）！

提示

如果在图像的边缘裁剪角，可以选择【图像】>【显示全部】以显示画布上的所有元素。

图 5.5 可以使用【裁剪工具】扩展画布以容纳牛角

5.1.4 令人信服的混合效果

★ ACA 考试目标 4.6

现在这个牛角看起来一点也不真实，颜色也与狮子不匹配，选择的边缘使其看起来像是从照片上剪下来的一样。所以接下来会混合颜色并添加蒙版，以创造出可信的混合效果。有几种方法可以执行此操作，但在本项目中，我们使用智能滤镜来进行调整。

5.1.5 使用智能滤镜进行调整

要调整智能对象的色相 / 饱和度，可以进行以下操作。

1. 在图层面板中，选择要处理的智能对象。

2. 选择【图像】>【调整】>【色相 / 饱和度】。

3. 在【色相 / 饱和度】对话框中，根据图像的需要调整设置（图 5.6）。

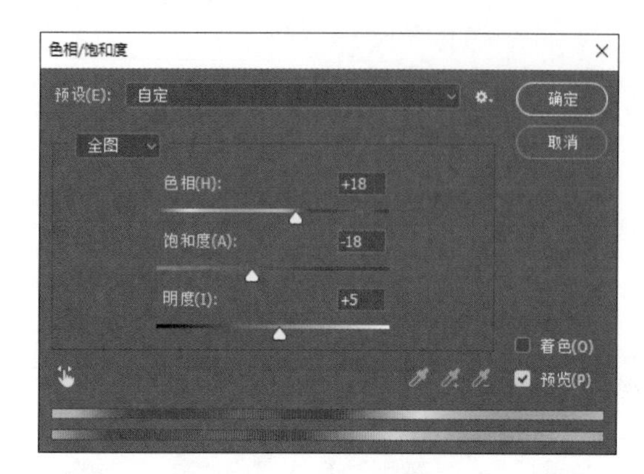

图 5.6 【色相 / 饱和度】对话框显示对主色范围的调整

4. 要调整特定的颜色范围，可以从【预设】正下方的下拉列表框中选择它，并相应地设置每个范围的值（图 5.7）。完成后，单击【确定】按钮关闭对话框。

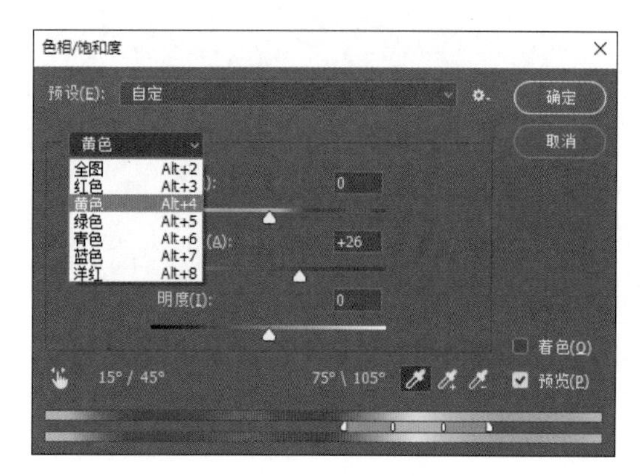

图 5.7 在【色相 / 饱和度】对话框中选择【黄色】选项

对于本项目的图像，以下设置较为合适。

- 红色：饱和度 –5。
- 黄色：饱和度 +26。

接下来调整亮度 / 对比度。

1. 选择【图像】>【调整】>【亮度 / 对比度】。

2. 使用【亮度 / 对比度】对话框中的控件使图层变亮。此处将【亮度】设置为“+ 14”，【对比度】设置为“–13”，但是你可能需要根据其他调整进行不同的设置（图 5.8）。完成后单击【确定】按钮。

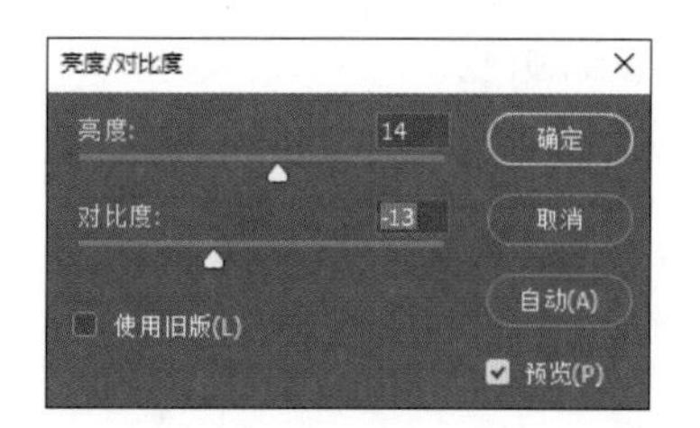

图 5.8 【亮度 / 对比度】对话框

3. 进行其他要在图层上使用的调整。

注意

当你向同一个智能对象添加多个调整时，它们将堆叠在单个【智能滤镜】列表下，以便以后可以编辑每个调整的设置。

到目前为止，牛角与狮子的颜色匹配并不完美，但已经非常接近了（图 5.9）。由于它们是智能情况下的调整，因此如果需要，你可以返回并对其进行修改、添加或删除调整。

图 5.9 尽管这幅不是成品图像，但你可以清楚地看到角的朝向

5.1.6 保存进度

★ ACA 考试目标 5.2

既然你已经在该文档上做了一些工作，请将你的图像另存为一个 PSD 文件，名称为“HornLion.psd”。你还有很多工作要做，但是要确保你已经保存了一个分层 PSD 文件，其中保存了你迄今为止所有的工作。从现在开始，一切都是为了完善效果。

5.2 蒙版的使用

★ ACA 考试目标 3.2

★ ACA 考试目标 4.3

★ ACA 考试目标 4.5

你现在制作的图像虽然并不像真的，但已经很接近了。你唯一需要做的就是使毛发完美地融合，因此可能需要再次调整颜色。你将创作一幅简单的成品图像，然后在下一章中将其融入其他图像中。我们的考试目标是使图像中的狮子看起来真的有角。

你可能已经注意到，我们用来修改蒙版的功能称为选区和快速蒙版模式。蒙版本质上是一个可绘制的选区并最终保存为黑白图像。

现在向牛角图层添加一个蒙版。首先，将此图层重命名为“角”并添加蒙版。

要使用当前图层的内容制作蒙版，请进行以下操作。

> **技巧**
> 若要快速选择图层上的所有内容，请按住Ctrl键（Windows）或Command键（macOS）图层并单击缩略图。这样会自动适当地选择图层的内容（减去图层透明的地方），然后可以将其用作蒙版/或对其进行修改。

1．按住Ctrl键（Windows）或Command键（macOS）并将鼠标指针移至图层缩略图上，显示选择指针时，单击以选择图层的内容（图5.10）。

2．单击图层面板中的【添加矢量蒙版】按钮以创建蒙版。

这时，在活动图层上创建了蒙版（图5.11）。

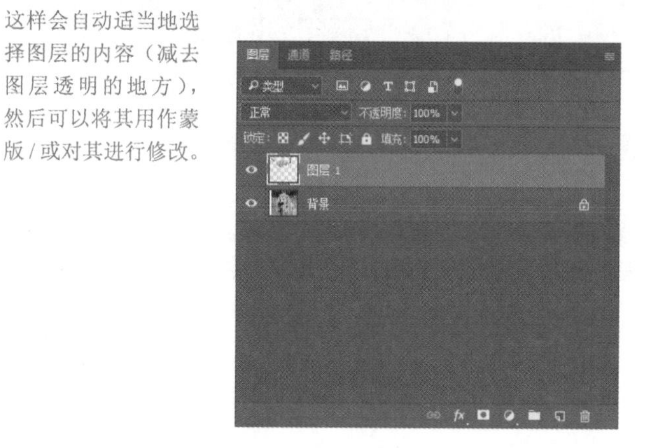

图5.10 当选择指针可见时单击以选择图层的所有内容

图5.11 单击【添加矢量蒙版】按钮可以将当前活动选区作为蒙版添加到活动图层

现在你已将蒙版限制为所选内容，就可以轻松编辑蒙版了。使用柔软的大画笔在该图层的毛发边缘上绘制，将毛发与狮子融合。你会使用与早期项目中相同的技术。教学视频将指导你完成此步骤。

在快速蒙版模式下完善蒙版

在该图像的一个或两个区域中，你可能希望精确控制隐藏的内容。在这种情况下，你可以激活选区并切换到快速蒙版模式以创建一个可以编辑蒙版中内容的边界。

要进入快速蒙版模式，可进行以下操作。

> **技巧**
> 在键盘上按Q键也可以进入或退出快速蒙版模式。

1．选择要限制编辑的区域。

2．单击工具面板底部的【以快速蒙版模式编辑】按钮，进入快速蒙版模式。

为了清楚地说明选择区域，未选择的区域以红色覆盖显示。

3．用与编辑图层蒙版相同的方式编辑快速蒙版（图 5.12）。

图 5.12 快速蒙版模式以半透明的红色覆盖你未选择的选区，这可以帮助你完善选区

4．正确选择快速蒙版后，单击工具面板底部的【以标准模式编辑】按钮以退出快速蒙版模式。

根据半透明的红色叠加，你能够更精确地选择区域。退出快速蒙版模式后，你便可以完成选区的编辑。

优化选区后几乎就完成所有工作了。你会发现，这些改变是值得花费时间来完成的。现在整体的效果更加令人信服，图像看起来确实非常逼真（图 5.13）。

注意

快速蒙版和图层蒙版以类似方式显示，其中透明表示被选中区域，红色表示未被选中区域。

图 5.13 狮子的角看上去很逼真

保存进度

现在是保存进度的最好时机，之后会再进行最后的修饰。接下来你将要修复图像左侧的问题区域，然后探索另一个神奇的 Photoshop 技巧，你会发现该技巧非常容易掌握。

5.3 画龙点睛

该图像近乎完整，但是美中不足的是出现了一个小问题。修复背景后，你将使用已经掌握的编辑工具清理毛发中的污垢并调整其他问题。

★ ACA 考试目标 4.5

5.3.1 扩展模式中的【内容感知移动工具】

该图像的背景是不完整的。由于扩展了画布来调整牛角，因此在画布左侧留下了一个白色区域。狮子所在图层仍然是背景图层，在此步骤中也无须对其进行转换。你将使用【内容感知移动工具】，该工具可让你重新放置选区并自动填充后面的空缺。在选项栏中，你将选择使用【移动】模式还是【扩展】模式来移动或复制所选内容。

对于此图像，你将扩展围栏的背景以填充图像左侧的空白区域。要在扩展模式下使用【内容感知移动工具】扩展区域，请执行以下操作。

图 5.14 选择【内容感知移动工具】

1．选择要扩展图像的区域。在这种情况下，请从背景图像的左边缘到狮子的胡须之间选择围栏。

2．选择【内容感知移动工具】。该工具位于图像修复工具组中（图 5.14）。

3．在选项栏中，从【模式】下拉列表框中选择【扩展】选项。

4．在选择范围内单击，然后将其拖动到要扩展的区域。

Photoshop 将检测图像并尝试无缝扩展背景（图 5.15）。

如果你选择的区域没有移动或扩展到预期的位置，请按快捷键 Ctrl + Z（Windows）或 Command + Z（macOS）撤销操作，再调整该工具的设置或用它重新选择区域。通过使用该工具可以在后台进行许多处理，有时只需重新选择或调整设置即可获得不错的结果。

图 5.15　将选区拖到左侧，Photoshop 将自动扩展背景

5.3.2　【内容感知移动工具】选项

接下来讲解使用【内容感知移动工具】时选项栏中的可用选项（图 5.16）。

- 模式：从【模式】下拉列表框中选择【移动】选项可以移动对象并填充区域，从【模式】下拉列表框中选择【扩展】选项可以复制对象而不删除现有像素。
- 结构：指定色块的选择应反映现有图像图案的紧密程度。较大的数字会限制模式匹配。
- 颜色：指定 Photoshop 应该尝试匹配多少颜色。数字越大，颜色匹配越多。
- 对所有图层取样：允许【内容感知移动工具】对整个文档进行取样，而不是仅对所选图层进行取样。

图 5.16 【内容感知移动工具】是功能强大的工具，其中包含一些重要选项

5.3.3 修补环节

最后，我们将修复图像中的剩余问题。如果你在修复背景时不小心复制了胡须，则可以使用【污点修复画笔工具】将其除去。但是在图 5.17 中，你可以看到围栏区域出现损坏，所以【污点修复画笔工具】可能无法正常工作。但是这是个好消息，因为你可以应用解决图像问题的另一种工具，即【修补工具】。

注意

你可以将【修补工具】设置为【普通】模式，以便它不会自动融合。你可以随意尝试选项栏中的设置，但【内容感知】模式通常会产生最佳效果。

使用【修补工具】的步骤如下。

1. 从工具面板中选择【修补工具】。

【修补工具】在图像修复工具组中，你可以在其中找到【红眼工具】和【修复画笔工具】。

2. 在选项栏中的【修补】下拉列表框中选择【内容识别】选项。

3. 使用修补工具在要替换的损坏区域上绘制选区。在本项目中，请选择胡须所在的区域。

4. 选择与所选内容相对应但未损坏的图像区域，将所选内容拖到该区域（图 5.17）。

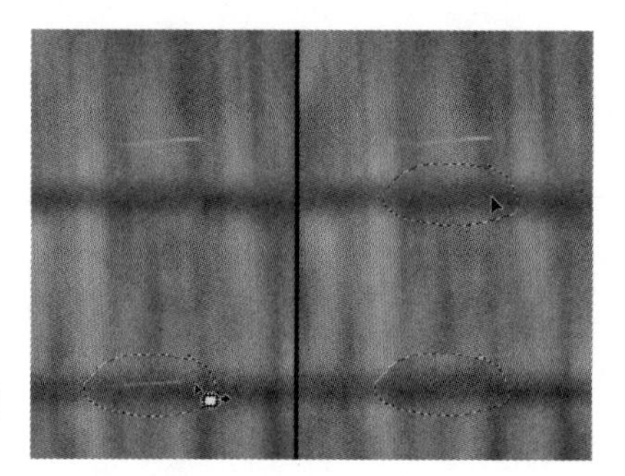

图 5.17 拖动补丁以修复图像

拖动补丁时，预览图会显示在原始位置。注意模式并尝试将其匹配以达到预期效果。

5. 如果补丁效果不理想，请撤销该操作然后重试。你可以像使用【内容感知移动工具】一样调整【结构】、【颜色】和【对所有图层取样】选项。

解决了图像中的其他问题后，请保存项目。至此项目完成！你刚刚创造了一个令人惊奇的新生物，成品图像非常逼真（图 5.18）。这是一个非常棒的项目，你也可以使用不同的图像进行创作。你还可以尝试“升级挑战”来提升自己以达到新的高度。

图 5.18 最终的生物

升级挑战：综合竞赛

你在这个项目中用较短的时间创造了惊人的结果。你学会使用的所有工具都可以帮助你创作出逼真可信的图像。

参加“升级挑战”，看看你是否可以将学到的知识扩展到新的事物中！

- Level I：通过在线搜索“Photoshop 动物合成”来查看其他令人惊叹的合成图像。
- Level II：使用你在本章中学到的工具创造另一个虚拟生物。你可以将结果发布在社交媒体上。
- Level III：考虑一种创新的方式来使用这些合成工具，创建一个有趣或者纯粹很搞笑的图像。你可以在社交媒体上分享结果。

本章目标

学习目标

- 用画板创建 Photoshop 文档。
- 学会链接到智能对象的方法，并在保留链接的同时对其进行修改。
- 掌握蒙版的使用方法，学会创建自定义画笔和预设。
- 学会使用 Photoshop 的扭曲功能。
- 探索剪贴图层蒙版的方法。
- 保存选区。
- 创建和使用图层复合功能来比较不同版本的图像。

ACA 考试目标

- 考试范围 2.0
  项目设置与界面 2.1、2.4、2.5 和 2.6
- 考试范围 3.0
  文件的组织 3.1、3.2 和 3.3
- 考试范围 4.0
  创建和修改可视化元素 4.1、4.2、4.3、4.4 和 4.5
- 考试范围 5.0
  发布数字媒体 5.2

第 6 章

数字装饰

本章所涉及的大多数新技巧都建立在你先前掌握的知识的基础上。由于许多想法和概念都是可视的，因此请务必观看本书的教学视频。Photoshop 设计师有一些试验性的考虑因素和工作方式，这会使你从收听和观看操作流程中受益。很多 Photoshop 书籍最大的问题是它们涵盖了“要做什么”，而非“为什么做”。诚然，这很难讲解，而技术部分的内容讲解起来则相对容易。但是，设计事业的成功关键就在于工具背后发生的一切——发生在艺术家脑海之中的事情。

接下来将讨论许多以前讨论过的概念，但是会更深入一些。与其他任何一章相比，本章是你最应该亲自上手操作的，因为本章涉及很多关于创造性试验的内容。本章将提供比之前更少的示例值设置，希望你可以自己尝试调整图像的值。同往常一样，我们鼓励你尝试创作自己的图像，当图像真正属于你一个人的时候，这一切才会变得更有趣。

本章项目的客户是一名视频游戏设计师，他将在漫画大会上为人们免费提供计算机桌面和手机壁纸的下载。你还将使用上一章中的虚拟生物，因为它也会出现在游戏中！这是一款动作 / 奇幻游戏，主角是一位女性，喜欢快节奏游戏的玩家一定会爱上这款游戏的。

6.1 新建文档

★ ACA 考试目标 2.1

在本章中，你将制作一幅可以用作计算机桌面壁纸的图像，并在最后将其转换为手机壁纸。

为屏幕显示做设计有一个优势，那就是图像通常较小。即便你的计算机性能不是特别强，设计 Web 尺寸的图像也不会给系统增加负担。但请注意，如果你要为印刷品做设计，用相同大小的图像是远远不够的，你需要使用更大的图像——约为 Web 尺寸图像的 4 倍大！

当你处于学习阶段时，做屏幕显示的设计是非常好的，因为文件较小，适于共享。你还可以使用更小的图像，因为图像质量的好与坏并不重要。在创建此文档时，你可以使用 Web 预设来探索其他设置，并发现用于 Web 和应用程序开发的预设。

注释

Web、Mobile App、Iconography 和 Artboard 文档类型将为您提供从画板开始的选项。

若要创建新的 Web 或屏幕文档，请执行以下操作。

1. 选择【文件】>【新建】，出现【新建文档】对话框。
2. 在对话框顶部列出的文档类型中，选择【Web】。
3. 从空白文档预设中选择【大网页】。
4. 在文档名称文本框中输入“壁纸”。
5. 单击【创建】按钮，文档将与画板一起出现（图 6.1）。

图 6.1　使用画板创建文档时，画板的名称会出现在每个画布的上方以及图层堆栈中

6.2 关于画板

画板是一个相对较新的功能，最初出现在 Adobe Photoshop CC 2015 中。这个功能可以使你在一个文档中创建多个图像。过去，你必须创建多个文档才能达到上述效果，这使得跟踪文件非常困难。现在，你可以为一个文档创建多个画板，即便它们大小不同，也可以保存在一个 Photoshop 文档中！

同更改其他任何背景一样，你也可以更改画板背景颜色。稍后，你将像更改普通文档一样，将画板背景改为深灰色，因为较暗的工作区更适合本项目。

画板的工作方式类似图层组，但与图层组的不同之处在于，画板可以位于单个文档的不同区域中。在画板文档中，系统不会剪切不属于该画板的图层。通过在选项栏中输入值、拖动画板手柄或在图层面板中选择画板，然后选择属性面板，你可以轻松调整所选画板的大小。

注释

创建画板文档时，创建的默认层不是背景层，而是标准层。

提示

你可以通过右击（Windows）或按住 Ctrl 键并单击（macOS）画布区域，从打开的快捷菜单中选择一种颜色来更改画布颜色。

★ ACA 考试目标 2.4

★ ACA 考试目标 3.3

6.3 智能对象

前面我们已经讨论过智能对象的一些优点，但它的一个惊人的特性很难在一本书或一台计算机上完全得到展示，那就是【置入链接的智能对象】功能。即使链接的图像来自另一个 Adobe 应用程序，你也可以将它放置到文档中。在编辑原始文件时，图像会在 Photoshop 文档中自动更新。当你与一个较大的团队一起工作时，这项功能的实用性将会得到凸显。例如，如果你设计的 logo 不够完美，那也没关系。你可以将文档与 logo 链接起来，当你的同事修饰完后，徽标将在你的设计中自动更新。

6.3.1 智能对象结合栅格效果

将智能对象与栅格效果相结合是一个非常有用的技巧，具体操作是创建一个包含智能对象的组，然后复制得到副本并使其栅格化。这样一来，图层变为了图层组，可以一起移动。但是链接的智能对象仍然保留，你依然可以对它进行更新。

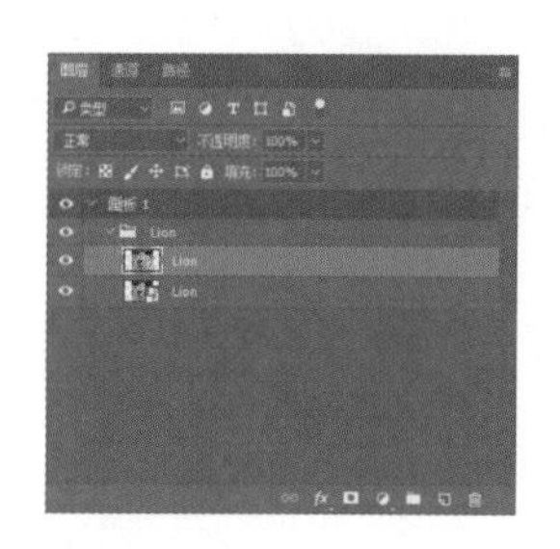

图 6.2　将智能对象和栅格化副本放在一个组中，可以将栅格效果添加到副本并将效果混合在一起

若要将栅格效果与智能对象结合使用，请执行以下操作。

1．在图层面板中，右击（Windows）或按住 Control 键并单击（macOS）智能对象图层名称，然后选择【从图层建立组】选项。

2．在【从图层建立组】对话框中，输入新图层组的名称。在本项目中，输入名称“Lion”。

3．复制智能对象图层并将副本栅格化，在智能对象图层的副本上使用栅格效果（图 6.2）。

由于图层位于同一图层组中，因此你可以将它们一起移动，从而将栅格效果添加到链接的智能对象中。当然，如果对原始图层的更改影响了你在副本中编辑的区域，那后面可能需要再次编辑它们。

★ ACA 考试目标 4.5

6.3.2　仿制工具

在 Photoshop 拥有惊人的新修复工具之前，编辑更多需要依靠手动操作。尽管之前的 Photoshop 功能也非常强大，但是你需要花费更多时间和精力。今天，Photoshop 拥有了【修复画笔工具】和【内容感知移动工具】，但是当你想要更精确地修复图像时该怎么办呢？有时你可能会想到一些旧的工具。

首先，你需要把虚拟生物的副本下移，这样才可以拉长虚拟生物的鬃毛。然后，你将使用【仿制图章工具】和【修补工具】来修改鬃毛，将其与虚拟生物融为一体。

仿制图章工具　S
图案图章工具　S

图 6.3　选择【仿制图章工具】

使用【仿制图章工具】，请执行以下操作。

1．在工具面板中，选择【仿制图章工具】（图 6.3）。
请注意，一定要选择【仿制图章工具】，而不是【图案图章工具】。

2．选择圆形画笔，并设置【大小】和【硬度】。

- 大小：100 像素。
- 硬度：0%。

3．拖动选择【源】时，要按住 Alt 键（Windows）或 Option 键（macOS），使鼠标指针变成目标指针⊕。

4．在想仿制的区域上单击。

技巧

在使用【仿制图章工具】时往往使用非常低的硬度，这样会使图像融合得更为自然。

无论你单击何处，Photoshop 都将以此作为起点，将图案从【源】复制到【目标】。

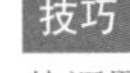

技巧

从源图像的不同区域进行采样，可以避免出现明显的重复图案，使目标图像更加真实自然。

5．在【目标】上绘制仿制的图案（图 6.4）。

在【目标】处移动时，也要注意【源】的移动方式。

如你所见，这款工具非常好用，它的效果有时甚至比自动工具更好，因为你可以完全控制整个仿制的过程。使用这款工具时，要尽可能避免重复的图案。在大面积仿制时，请避免复制仿制区域，尽量不要出现明显的重复元素。

图 6.4 【仿制图章工具】在采样处会显示一个加号，它显示的是鼠标指针复制的位置

修补工具

传统的工具中有一个工具与【仿制图章工具】相似，它就是【修补工具】。使用这个工具时，首先应当选择一个区域，然后拖动该区域来替换图像中的某一部分。

使用【修补工具】，请执行以下操作。

1．选择【修补工具】，然后在选项栏中的【修补】下拉列表框中选择【正常】选项。

2．通过单击选项栏中的适当选项，选择是要拖动【源】还是【目标】（图 6.5）。

图 6.5　选择【源】或【目标】，然后用【修补工具】拖动

若选择【源】，则表示要通过拖动选择的内容，选择图像中其他合适的部分来替换它；选择【目标】意味着要将选择的内容与目标位置进行混合。

3．用【修补工具】进行选择，然后拖动所选内容。

4．选择【目标】并将鬃毛的部分拖到图像的顶部，鬃毛纹理要尽量贴合、自然（图 6.6）。

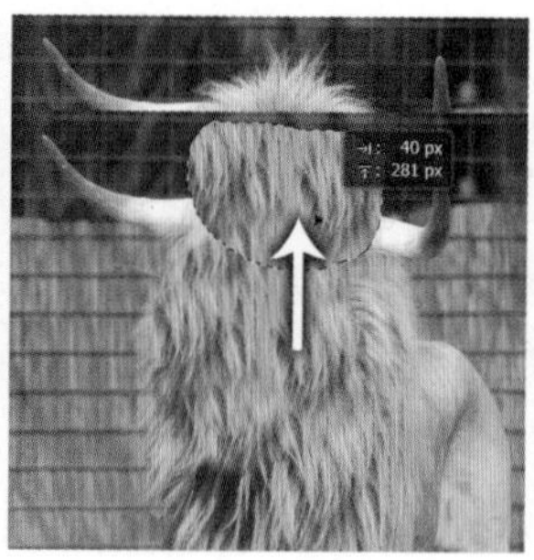

图 6.6 【修补工具】的使用可以分为 3 步：选择要修补的位置，然后将其拖动到其他位置，图像将根据你的设置自动进行融合

根据上述步骤，我们可以将更多鬃毛融合到图像中，最终得到一个虚拟生物的形象。

保存进度

你已经完成了很多步骤！在继续进行后面的操作前，你需要立即保存现在的进度以确保文档安全。

★ ACA 考试目标 4.3

6.4 掌握蒙版

★ ACA 考试目标 3.3

现在，你要为虚拟生物添加蒙版，这样才能摆脱背景并隔离虚拟生物的头部。你可以使用软边画笔来混合虚拟生物的胡须，使它们看起来更加自然。如果你需要再次编辑已经完成的部分，请使用刚刚学到的技巧。不必担心虚拟生物鬃毛的底部和边缘，你很快就会将它们剪掉（图 6.7）。

图 6.7 拉长虚拟生物的鬃毛，以便在移开身体和背景后，能有足够的空间来对鬃毛进行编辑和完善

6.4.1 折叠图层组并为其添加蒙版

确保在图层面板中将该图层组放在一起，以免意外地将虚拟生物和拉长的鬃毛分开移动。你将它们融合在一起，因此需要使它们保持为一个整体。你可以折叠图层组，以便只看到图层组名称，而看不到其中所包含的图层。

你可以将蒙版添加到整个组，就像可以将它添加到图层一样。你将学习使用【快速选择工具】进行选择，但是要使用所有图层的数据来帮助该工具在图像的图层中查找边缘。然后，你将创建一个应用于所有图层的蒙版（图 6.8）。

图 6.8 对图层组中的所有图层运用蒙版后的虚拟生物形象

若要进行快速选择并为图层组添加蒙版，请执行以下操作。

1．确保在图层面板中选择了该组。

2．选择【快速选择工具】，然后在选项栏中选择【对所有图层取样】。选择【对所有图层取样】将使用所有可见图层中的边缘来帮助选择。

3．选好虚拟生物的鬃毛和角。

尽量准确地选出虚拟生物的角，但是毛发大可不必担心，只要从虚拟生物鬃毛周围大致选出即可。

4．单击图层面板中的【添加矢量蒙版】按钮以应用蒙版。背景中未选择的区域将消失。

6.4.2 细化选择和蒙版

你可对虚拟生物的鬃毛稍加修改，而它的角则可以利用上一章中的方法轻松调整。但是，这一次，你将在制作蒙版后细化边缘。

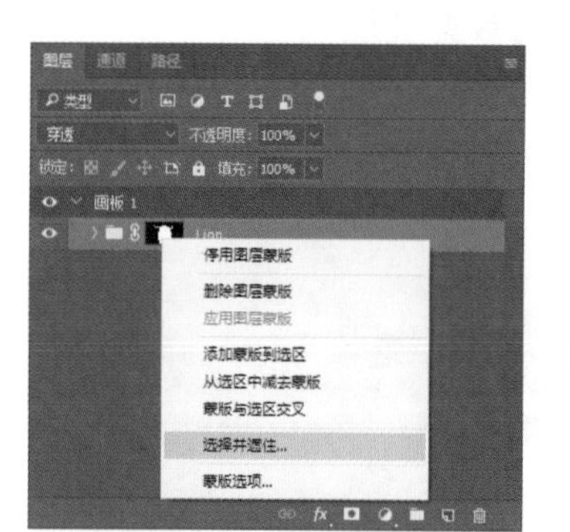

图 6.9 从快捷菜单中选择【选择并遮住】选项

要细化蒙版，请执行以下操作。

1．选择你要细化的蒙版。

被选中的图层蒙版缩略图会突出显示。

2．右击（Windows）或按住 Control 键并单击（macOS）蒙版，从快捷菜单中选择【选择并遮住】。你也可以选择【选择】>【选择并遮住】（图 6.9）。

屏幕上将出现【选择并遮住】工作区。

3．调整蒙版的属性，使虚拟生物的角在背景的衬托下显得非常锋利（图 6.10）。为达到此效果，请设置【对比度】为“100%”。

图 6.10 【选择并遮住】工作区

4. 设置【平滑】、【羽化】和【移动边缘】，直到虚拟生物的角被清楚地选择出来，没有明显的羽化痕迹或边缘。虽然毛发现在看起来很糟，但是没关系。

5. 在属性面板的【输出设置】部分，从【输出到】下拉列表框中选择【图层蒙版】选项，然后单击【确定】按钮确认更改并返回正常工作区。

现在，你应该选择出了一个边缘干净的角，这正是你想得到的。之后，你还会学到一些神奇的画笔技巧，它们将帮助你为虚拟生物的鬃毛添加完美的蒙版！

6.4.3 创建纯色填充图层

★ ACA 考试目标 3.1

桌面壁纸最好是深色的，因此下一步是创建纯色填充图层并填充黑色以进行进一步处理。

这是另一个省时的窍门：你可以使用图层面板底部的【创建新的填充或调整图层】来添加新的纯色填充图层，而不必使用【图层】菜单。创建一个黑色的纯色填充图层并将其移到图层堆栈的底部（图 6.11）。

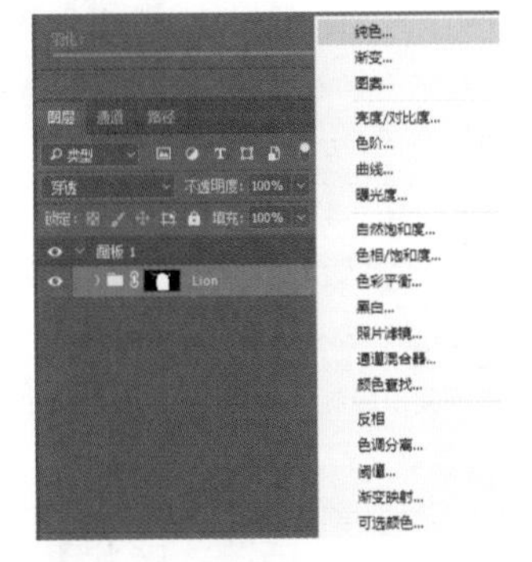

图 6.11 图层面板具有创建纯色填充图层的快捷方式

技巧

你可以创建纯色填充图层，也可以用黑色来填充空白图层。我通常会按 D 键快速转到默认颜色，然后按快捷键 Alt + Backspace（Windows）或 Option + Delete（macOS）用前景色填充图层。

技巧

在按住 Ctrl 键（Windows）或 Command 键（macOS）的同时单击【创建新图层】按钮，可以在所选图层下方创建一个新图层。

6.4.4 掌握画笔工具的使用

★ ACA 考试目标 2.6

你已经熟悉了一些基本的画笔设置，现在我们将继续学习一些更高级的操作！当你掌握后，画笔将成为 Photoshop 最好用的工具之一。

本节中，你将不再使用基本的圆形画笔，而将尝试使用其他形状的画笔。你还将使用画笔的设置创建蒙版，以此来模拟虚拟生物鬃毛锯齿状的边缘。这次你将在蒙版上使用画笔，但其实所有画笔也都可以在图层上使用。

若要自定义画笔，请执行以下操作。

1．选择【画笔工具】。

2．选择【窗口】>【画笔】，或单击选项栏上的【切换“画笔设置”面板】按钮，打开画笔设置面板和画笔面板。

3．在画笔面板菜单中，选择【旧版画笔】选项，然后单击【确定】按钮，打开旧版画笔工具预设（图 6.12）。

图 6.12 在 Photoshop 中恢复旧版画笔

4．在画笔设置面板中，选择【草】画笔。然后选择左侧【画笔笔尖形状】选项，取消选择列表框中的所有选项。改变【大小】和【间距】的设置，使其类似于毛发，设置可以如下（图 6.13）。

- 大小：50 像素。
- 间距：25%。

5．选择【形状动态】，设置画笔的大小、角度和圆度。设置可以如下（图 6.14）。

- 大小抖动：23%。
- 最小直径：19%。
- 角度抖动：7%。
- 圆度抖动：36%。
- 最小圆度：65%。

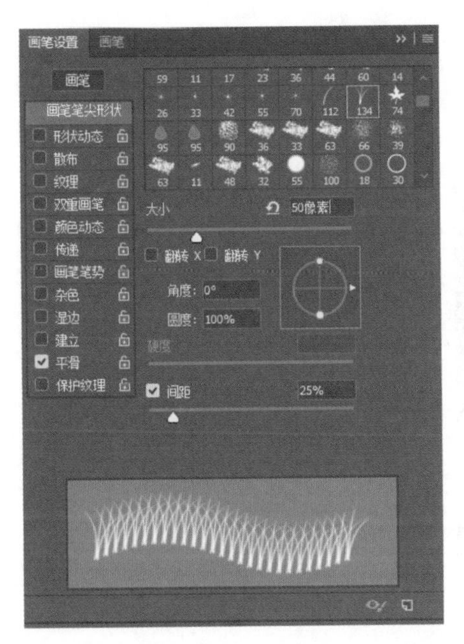

图 6.13 在画笔设置面板中选择【草】画笔和【画笔笔尖形状】

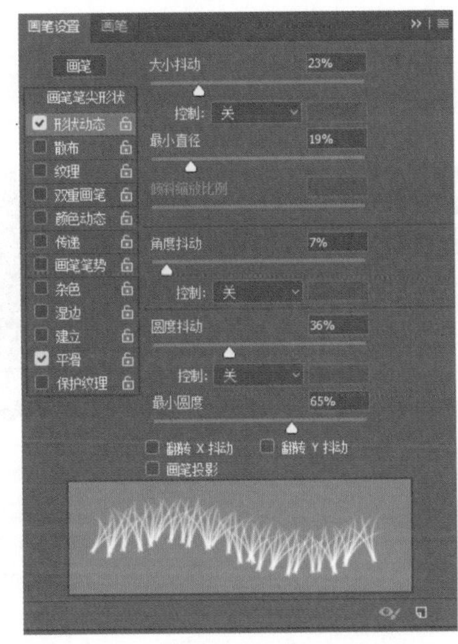

图 6.14 画笔设置面板中的【形状动态】设置

技巧

画笔设置面板底部的预览图可以使你了解画笔的外观。

技巧

如果在要编辑的区域周围进行选择，则该区域以外的任何内容都会被禁止编辑。

6．选择【散布】并打开其选项，设置可以如下（图 6.15）。

- 散布：27%。
- 数量：2。
- 数量抖动：61%。

7．关闭画笔设置面板。

现在你要在虚拟生物鬃毛的顶部下功夫了。使用这个画笔在鬃毛顶部的蒙版上慢慢涂上白色，使毛发看起来很随意、自然（图 6.16）。

鬃毛顶部完成后，你还需要注意鬃毛的侧面。为此，你需要旋转画笔。再次打开画笔设置面板，然后在列表框顶部选择【画笔笔尖形状】，单击【角度】设置旁边的小箭头图标，旋转角度使【草】画笔面向右（图 6.17），然后就可以在鬃毛右侧的蒙版中进行绘制。你可能还需要在虚拟生物的角上方添加几笔。

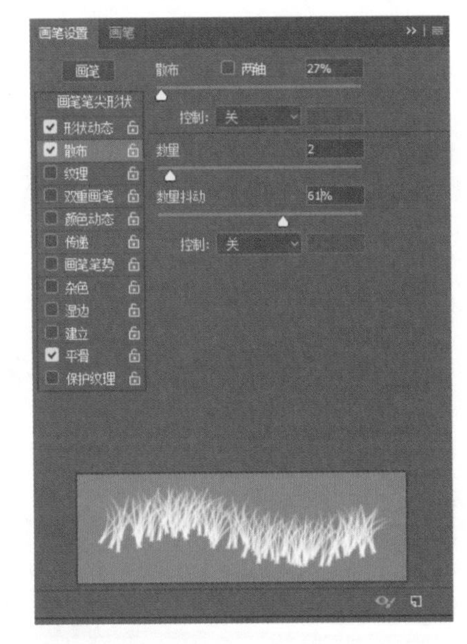

图 6.15 【散布】选项

图 6.16　用合适的画笔在虚拟生物的鬃毛上进行绘制可以达到随意、自然的效果

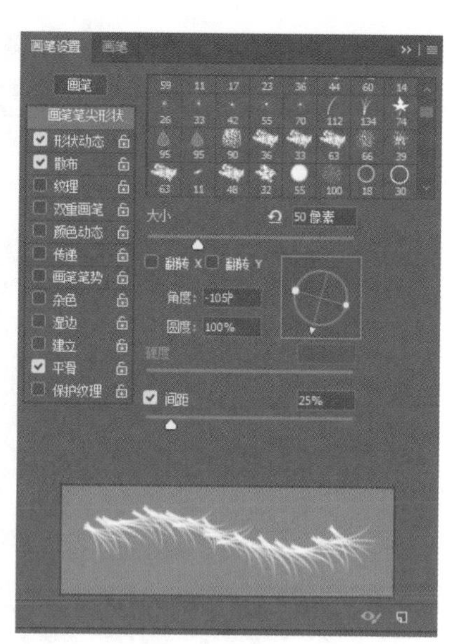

图 6.17　调整角度来改变画笔的方向

现在，你只需刷一下鬃毛，然后根据需要调整角度，就可以达到非常自然的效果。你可以尝试将鬃毛边缘绘制成我们刚刚创建的“V”字形状。

6.4.5　重复使用并保存画笔设置

你可能需要切换回常规的圆形画笔来绘制鬃毛。请注意画笔面板顶部的画笔预设选择器，这里将显示你的最后几个画笔设置，因此你可以再次选择它们（图 6.18）。现在让我们将这个画笔另存为可以随时访问的新预设吧！

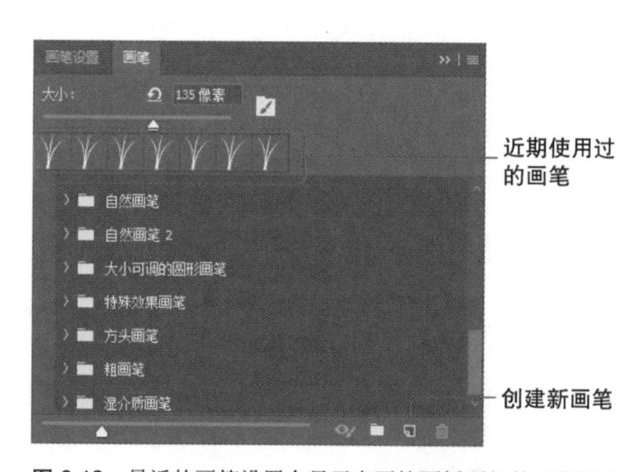

图 6.18　最近的画笔设置会显示在画笔面板顶部的画笔预设选择器中，你可以通过创建新画笔将其永久保存

若要保存自定义画笔预设，请执行以下操作。

1．打开画笔面板，该面板与画笔设置面板在同一面板组中。

2．单击【创建新画笔】按钮。

3．给画笔取一个描述性的名字，然后单击【确定】按钮进行保存（图 6.19）。

现在，你可以在需要时随时选择该自定义画笔。

使用该画笔来完善虚拟生物的鬃毛，尽可能使其成形并具有真实、自然的边缘，尝试让它看起来像图 6.20 一样。

图 6.19　创建新的画笔预设

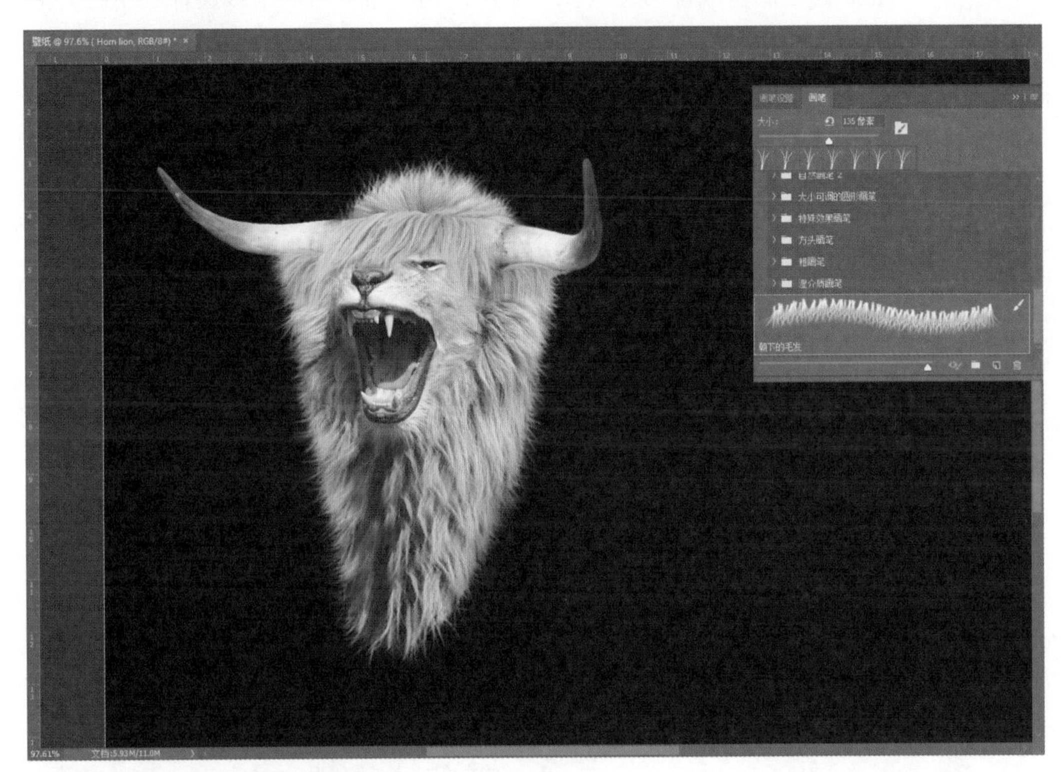

图 6.20　从【草】画笔创建的新画笔预设

6.4.6　保存进度

★ ACA 考试目标 5.2

你可以按快捷键 Ctrl + S（Windows）或 Command + S（macOS）来保存进度，然后将文件的副本另存为“Wallpaper2.psd”。到目前为止，你已经在该文件上做了很多工作，保存多个版本的好处在于，即使文件因为某种原因发生了损坏，你也还拥有另外一个单独的文件。在一个文件上有太多的工作要做时，文件很有可能会丢失。因此随时保存进度是一个必须要养成的好习惯。保存多个版本还可以使你保持良好的进度，这一点你会在以后发现。

★ ACA 考试目标 3.2

6.5 引入主角

接下来要引入一位女演员的图像，她是这个游戏主角的模特。因为你可能会在许多地方用到这幅图像，所以请为它打开一个单独的窗口，然后为它制作准确的蒙版以备后用。请在第 6 章的下载文件夹中打开名为 ToughGirl.jpg 的图像，这样就可以在一个新文档中打开模特图像了。请添加一个黑色的纯色填充图层，然后把它移动到模特图像的后面。

接下来，为图像添加蒙版。使用【快速选择工具】大致选择出人物，但不必担心那些被风吹起来的发丝——只需大致选择出人物并为其添加蒙版即可。这是非常重要的一步，因为这样我们才能看到【选择并遮住】在这种情况下具体起到了什么作用。

若要改善现有的蒙版，请执行以下操作。

1. 在图层面板中，右击（Windows）或按住 Control 键并单击（macOS）蒙版缩略图，从快捷菜单中选择【选择并遮住】选项，它的工作区就会显示在屏幕上。

2. 在属性面板中（缩略图旁边）单击【视图】下拉列表框，然后选择处理图像的最佳选项。在图 6.21 中，我选择的是【洋葱皮】，这个选项会使图像的未被选中区域呈现半透明效果。

图 6.21 如果你调整的区域中有被风吹起来的发丝，则 Photoshop 会帮助搜索该区域并对你的选择进行完善。调整透明度可以让你看到更多原始图像或蒙版图像

在处理各种图像时，你会发现不同的视图选项适用于不同的图像。建议你随意尝试！

3. 在属性面板的【边缘检测】区域中，选择【智能半径】。将滑块拖动到大约 2 像素处或直接在文本框中输入数值。

4. 使用【调整边缘画笔工具】调整头发周围，重点调整那些被风吹起来的发丝（图 6.21）。

5. 你也可以使用【画笔工具】，通过标准画笔选项在你的选区中进行添加或删除操作。

6. 如果需要，你可以更改【视图模式】来预览蒙版，或者直接单击【确定】按钮来应用改善后的蒙版（图 6.22）。

注释

如果你选择的区域没有成为蒙版，请检查属性面板中的【输出设置】部分。

图 6.22 【选择并遮住】工作区可以帮你完成复杂的选择

技巧

从【选择】菜单中选择【选择并遮住】选项时，按住 Shift 键可以访问旧的【调整边缘】对话框。这是比较旧的界面，但是对于某些图像来说可能效果更好。

这种蒙版在处理头发时效果非常好，但是处理靴子时效果并不好。这是因为地板和靴子都是黑色的，颜色相近，所以 Photoshop 会自动把地板和靴子的边缘融合在一起，就像处理头发时一样。我们可以手动绘制，但我还想教你一个很棒的技巧来处理这种情况。

6.5.1 修正混合选区

图 6.23 使用【磁性套索工具】选择腿部，移除需要删除的区域

要使用标准选择工具来修改蒙版中的选区，你可以暂时停用图层蒙版并像创建普通选区一样操作。请从工具面板中选择【磁性套索工具】，然后右击蒙版缩略图，选择【停用图层蒙版】选项暂时将其隐藏（图 6.23）。

选择完毕后，只需单击蒙版并将其填充为黑色即可。这样，你刚刚选择的区域在图像中就不可见了。问题就解决啦！

注释

这个技巧很难完全用语言讲清楚，因此，请务必观看教学视频来获取有关这一技巧的其他提示。

6.5.2 将模特所在文档另存为 PSD 文件

★ ACA 考试目标 5.2

你已经在这幅图像上做了大量的工作，现在我们将它另存为 PSD 文件。这样，你就可以保存这幅带有蒙版的图像，以后也可以继续调整它。请将文件另存为“ToughGirl.psd”。

★ ACA 考试目标 4.3

6.5.3 复制并粘贴已加载的蒙版

你制作的蒙版已经非常完善了，因此你可以随时选择合适的位置重新加载它。让我们把所选模特复制到原始的 Web 文档中吧。

若要将一个已加载的选区复制到新文档中，请执行以下操作。

1. 按住 Ctrl 键并单击图层蒙版（在 macOS 中按住 Command 键并单击），然后你的选区就会加载出来。请确保图层缩略图（而不是图层蒙版缩略图）处于活动状态。

2. 选择【编辑】>【拷贝】，然后单击 Wallpaper2.psd 文件的选项卡。

3. 选择【编辑】>【粘贴】，模特就被粘贴到 Wallpaper2.psd 文件中了。

4. 请将模特所在图层转换为智能对象，以便在导入后保持图像的质量。

5．选择【编辑】>【自由变换】，或按快捷键 Ctrl + T（Windows）或 Command + T（macOS）来调整图层大小，与此同时按住 Shift 键防止其变形，最终使整个图像适合你的文档。当模特大小合适时，就可以提交更改了。

添加游戏的名字

最后，你要在图像中添加视频游戏的名字。你可以随心所欲地给它起名，但要使用粗字体，这样字体中就会有很大空间来放置其他效果。在图像上添加名字“Brain Buffet”。

保存进度

当游戏主角进入图像后，你就可以关闭模特图像文档了。你已经将更改保存到了创建的 PSD 文件中，因此就无须在模特图像文档中保存更改了。保存 Wallpaper 2.psd 文件，确保这个文档中保存了两个图像（图 6.24）。

现在，你只需要再添加一些设计元素就可以完成图像制作了。

图 6.24 两个主要角色和视频游戏名称都已添加进文档

6.6 创意设计

你现在已经在图像中添加了两个主要元素，剩下的就是探索和试验了。不要害怕尝试新事物。你可以试着将自己的图像添加进去，然后大胆地进行设计。其实最重要的是学会像艺术家一样思考。

我们一起来看看你的作品。从技术上来说还不错，但是整体感觉很无聊。画面的出彩之处永远来自探索和尝试，所以不要害怕。我将把你从各种条条框框中解脱出来，鼓励你以自己的方式来总结和使用学到的技巧。

从现在开始，我们的指导将尽量少提供特定设置，一方面是为了鼓励你自己进行探索，另一方面也需要你直观地看到不同设置所产生的不同效果，因为我们无法确保我们的图层位置完全准确。

★ ACA 考试目标 4.4

6.7 扭曲功能

一些有趣的方式可以使图像中的对象发生扭曲，现在让我们来一起探索一下。你可以使用网格来扭曲对象的形状，这是基本的“扭曲”命令。你应该亲手操作一下，选择【编辑】>【变换】>【扭曲】来改变对象的形状。它确实比某些变换要灵活一些，但是仍然很笨拙。在选择【扭曲】选项后，你还可以从选项栏的多个预设变形中进行选择，这样产生的变形会很有趣，尤其是对于快速进行文本变形而言（图 6.25）。

对扭曲效果影响最大的是弯曲值，你可以试着调整一下，如果你觉得效果不错的话就可以保留调整。

如果你想尝试更有趣的操作，可以探索【操控变形】功能。它可以让你像摆放木偶一样重新放置对象。使用【操控变形】功能时请首先确定枢纽点的位置，然后再更改对象。

图 6.25 【扭曲】功能的预设可以让你为对象设置常见的变形形状

6.7.1 使用【操控变形】功能

使用【操控变形】功能时，请遵循以下操作。

1. 选择想要变形的图层。
2. 选择【编辑】>【操控变形】。

【操控变形】功能就在你的图层上激活了。

3. 单击，将图钉放置在你希望能够移动的位置（图 6.26）。

图 6.26 左侧为原始图像，右侧为使用【操控变形】功能后的图像。请注意在模特变形后图钉的位置

提示

如果要删除图钉，请按住 Alt 键并单击要删除的图钉（在 macOS 中按住 Option 键并单击）。

提示

你不能在图层组上直接使用【操控变形】功能，但可以将其转换为智能对象，然后对该智能对象进行操控变形。

4．通过移动图钉来重塑图像。

要更清楚地看到图像，请在选项栏中取消选择【显示网格】。

5．单击【提交操控变形】按钮，接受更改。

毫无疑问，【操控变形】是一个非常棒的功能，但是掌握起来确实需要时间和经验。不要灰心，先试一试就好。通过后面的不断练习，你将很快掌握这个功能！请记住，像所有 Photoshop 的效果和编辑一样，细微的效果往往比过度的效果要好得多。

6.7.2 调整文字并保存

白色的文本太亮了，而颜色太深的文本会使人分神，因此你可以选择该图像的文本并使用字符面板更改其颜色（图 6.27）。到目前为止，你已经做了很多工作。接下来请保存你的工作，并将副本另存为"Wallpaper3.psd"。这样做可以确保你始终可以返回到较早的操作，并且在文件发生损坏时不遗失以前的工作。

图 6.27　黑色背景上较暗的文字

6.8 色彩搭配

Photoshop 中的一些技巧可以帮助你修改图像或图层的颜色和色调。你可以使用各种工具来修改颜色、添加颜色或创建渐变效果。

6.8.1 替换图像中的颜色

有时，你可能需要用另一种颜色来替换图像中的颜色。图像中，模特穿着的是深蓝色牛仔裤，但游戏的主角穿着标志性的栗色牛仔裤。使用 Photoshop 中的【替换颜色】功能就可以轻松解决这个问题。但是这个功能仅适用于栅格化的图像，不适用于智能对象。

你已将此图像复制为栅格图层，并将其转换为了智能对象，因此你需要双击该图层的缩略图，然后替换智能图层内栅格对象上的颜色。（如果你使用的是常规栅格图层，则不需要执行此附加步骤。）

技巧

采样时按住 Shift 键可以将新采样的区域添加到选区中。

若要替换模特牛仔裤的颜色，请执行以下操作。

1. 选择要替换颜色的图层，然后选择【图像】>【调整】>【替换颜色】（图 6.28）。

2. 在【替换颜色】对话框内（图 6.29），对要调整的区域进行采样，并修改该区域的色相、饱和度和明度。

如果你对采样结果不满意，只需再次单击，重新选择该区域即可。图像和样本不同，设置也会有所不同，看起来舒服即可。

3. 完成设置后，单击【确定】按钮即可替换所选区域的颜色。

好极了！主角牛仔裤的颜色非常适合。保存并关闭 PSD 文件，你将返回到 Wallpaper2 文档中，牛仔裤的颜色在文档中已经被替换。因为它是一个智能对象，所以会随着操作自动更新。

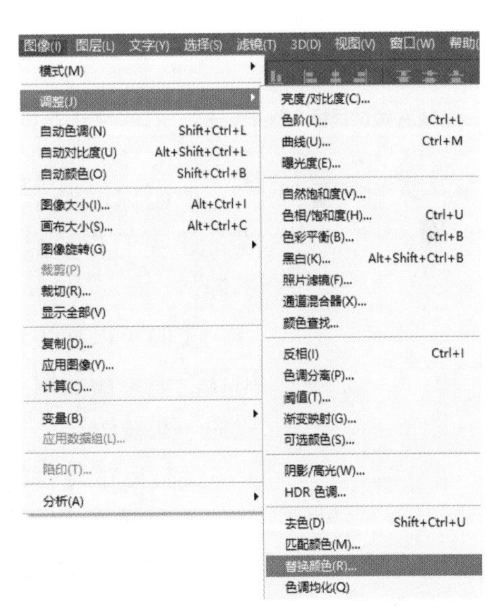

图 6.28 选择【图像】>【调整】>【替换颜色】

图 6.29 【替换颜色】对话框

★ ACA 考试目标 3.2

★ ACA 考试目标 3.3

6.8.2 创建剪贴蒙版

前面你已经学习了如何利用调整图层修改图层中图像的颜色。现在，让我们花一点时间来讨论一下为图层上色和调整图层色调之间的不同。

我们可以使用调整面板添加许多调整图层。但是，当你在图像上使用这些调整图层时，它们将影响其下方的所有图层。下面是解决这个问题的一些技巧。

一种方法是将图层设为智能对象，然后对其应用某个常规调整。这将使调整成为智能滤镜的一部分，并且只会影响这一个图层。但是，它将与其他所有的智能效果和滤镜组合在一起，因此这并不是最好的办法。

另一种方法是添加一个调整图层，然后在其下方的图层之外制作一个剪贴蒙版。这是一个很好用的技巧，几乎任何图层都可以制作为剪贴蒙版。

若要制作一个剪贴蒙版，请执行以下操作。

1. 在图层面板中，将要剪切的图层放在想要一起剪切的图层上方。

上层图层的内容只会在下层图层有内容的地方显示。

2. 按住 Alt 键（Windows）或 Option 键（macOS）在各层之间移动鼠标指针，直至剪切指示符出现。

你也可以在图层菜单、图层面板菜单或图层的快捷菜单中选择【创建剪贴蒙版】选项。

3. 当剪切指示符出现时，单击即可将图层剪切到下方图层上（图 6.30）。

图层在被缩进时，其缩略图前会有一个剪切指示符，表示该图层被剪切到下方图层上。要删除剪贴蒙版，请将操作反向执行，即在受影响的图层之间按住 Alt 键并单击就可以删除剪贴蒙版了（在 macOS 中按住 Option 键并单击）。

技巧

每个调整图层的属性面板底部都有一个按钮，可以让你将图层剪切到下面的图层上。

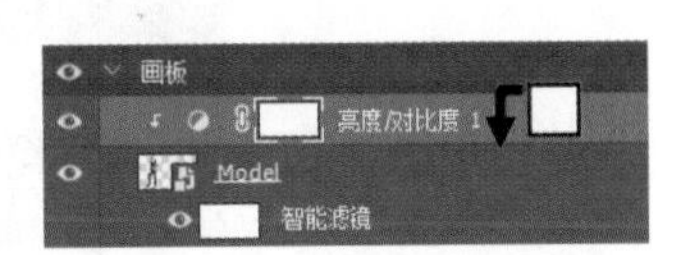

图 6.30 当剪切指示符出现时，表示该图层被剪切到下面的图层上

6.8.3 为精彩的文本剪贴图像

请记住，剪贴蒙版也可以在普通图层上使用——你可以将一幅图像与另一幅图像剪贴在一起，这样就可以在元素内部创建纹理了。使用其他图层创建快速蒙版也可以实现各种效果。现在就尝试一下吧！ 我们将引入一个纹理并将其剪贴到文本上。

注释

你其实并不需要多么专业的设备，Photoshop 本身就可以使你的图像大放异彩！因此，请专注于艺术而非工具！

若要将纹理剪贴到文本上，请执行以下操作。

1. 复制、粘贴或直接放置你想剪切的图像。

请使用第 6 章下载文件夹中的图片 Sill3.jpg。

2. 将纹理直接置于图层面板中的文本图层上方。

3. 右击（Windows）或按住 Control 键并单击（macOS）图层，从快捷菜单中选择【创建剪贴蒙版】选项，或像之前所说的那样，在各图层之间按住 Alt 键并单击（Windows）或按住 Option 键并单击（macOS）。

4. 在图层面板中尝试使用混合模式，并调整纹理图层的不透明度（图 6.31）。

图 6.31 文本上带有剪切的纹理，并进行了颜色调整，添加了图层效果

技巧

为了使文本和纹理保持在一起，请将它们放在一个图层组中。

请记住，文本的颜色将影响混合模式与图层的交互方式，你可以更改文本的颜色试试看。

这纯粹是试错（其实我更喜欢把这称为“玩”）。请享受尝试新事物带来的乐趣吧。你使用的纹理和颜色不同，结果可能也会有很大差别。这没关系的！如果你想做得和本书中的示例一样，那就一定要观看视频，然后跟着做。

你还可以尝试使用一些图层效果（如外发光）来帮助文本图层脱颖而出，尤其是当文本因为黑色背景而看不清楚的时候。很少有 Photoshop 的特效可以像油漆颜色那样完全独立使用，你必须要将不同的特效混合才能获得各种不同的效果。

6.8.4 保存进度

在进入最后阶段之前，请先保存你的进度。如果你对刚才制作出的图像感到满意，请把它保存为“Wallpaper4.psd”（或者任何你想要的名字）。

6.9 形状、喷溅和选择

在本章快结束的时候，你将学到一些“强大工具”，这些工具是专业人士在工作过程中经常会用到的。下面的介绍会帮你掌握一些超越 Photoshop 功能的思考方式。前面的内容已经基本涵盖了你需要了解的所有知识。现在，我们将学习如何用不同寻常的方式来使用一些常见的功能，这可以非常有效地提升你的 Photoshop 技能。

6.9.1 形状图层

★ ACA 考试目标 4.1

形状图层是 Photoshop 中的一种特殊图层，它是使用矢量创建的，就像文本图层一样。矢量图像是用一系列直线和曲线创建的，因此永远不会被像素化。你将向图像添加形状，并了解从 Adobe Illustrator 导入矢量形状的信息。你将使用【自定义形状工具】，因为这种工具没有明显的使用痕迹，效果很棒。

若要向图像添加形状，请执行以下操作：

1. 从形状工具组中选择【自定形状工具】。

默认状态下，【矩形工具】位于形状工具组顶部。

2. 为自定义形状设置填充和描边。

在选项栏中，将【填充】设置为“红色”，将【描边】设置为“无”。

3. 在选项栏中，打开【自定形状】拾色器，然后单击右上角的小齿轮，从形状类别中选择【污渍矢量包】选项（图 6.32）。

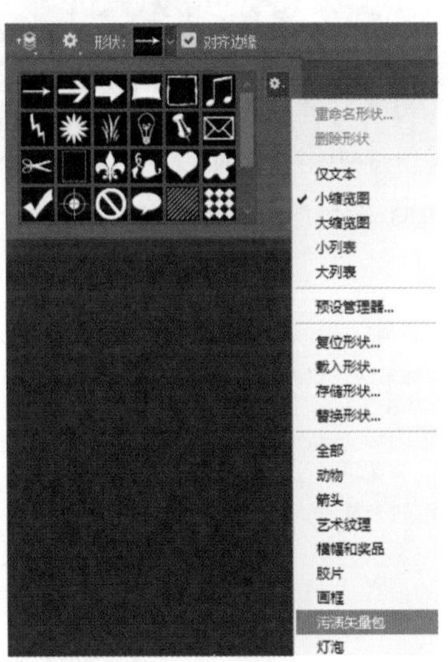

图 6.32 【自定形状】拾色器

4. 对话框出现时，选择是要替换当前形状（【确定】按钮）还是将其添加到当前形状列表中（【追加】按钮）。

单击【确定】按钮替换当前形状。

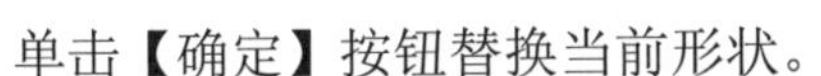

5. 选择一种圆形污渍形状并将其添加到图像中。

按住 Shift 键拖动形状可以保持形状的比例。

6. 按 Enter 键（Windows）或 Return 键（macOS）将形状放置在图像上。

7. 使用【移动工具】，将形状图层移动到所需位置。将图层放置到背景图像上方，并调整大小和不透明度，使其适合图像（图 6.33）。

技巧

在使用【污渍矢量包】替换当前形状的菜单时，你也可以选择【复位形状】选项来将形状重置为默认形状。

图 6.33　添加了形状图层的图像

技巧

形状图层也可以使用图层效果和样式，你可以进行尝试，为形状添加一些额外的新奇效果！

技巧

你可以从各种在线资源中找到矢量形状文件，下载并将其添加到 Photoshop 中，这样你就可以在文档中使用它们了。

★ ACA 考试目标 2.6

示例图像的颜色为明亮的红色，将其不透明度降低到 50% 时效果会更好。根据实际情况，你可以与我们有不同的设置。

形状图层很有趣，而当你学习编辑工具时，它们会非常有用。在这里进行非常深入的探索显然是不可能的，但是我们建议你学习本系列图书的《Adobe Illustrator CC 标准教程》，学习之后你就会掌握矢量艺术了。优秀的设计师需要同时了解 Photoshop 和 Illustrator。

6.9.2　创建色彩鲜艳的画笔

你已经学习了如何修改现有的画笔，并使用【草】画笔为虚拟生物的鬃毛创建一些令人赞叹的蒙版。但是，当 Photoshop 中内置的画笔无法满足你的需求时，该怎么办呢？你可以自己制作画笔。

你需要做的第一件事就是准备好图像。首先，我们来创建一个高对比度的图像。在第 6 章下载的文件夹中打开一个喷溅图像的文档。图

6.34 显示的是名为“IMG_1902.jpg”的图像，但是你也可以选择任何喷溅文件。选择要制作为画笔的图像部分，然后选择【编辑】>【剪切】，以将图像缩小到该区域。

画笔不必太大（尤其是纹理画笔和喷溅画笔），因此缩小这个图像是个好主意。要制作画笔，请按照以下步骤操作。

1. 选择【图像】>【图像大小】，打开【图像大小】对话框。

2. 在【宽度】或【高度】文本框中输入的最大尺寸为 1000 像素。

对于画笔而言，这个尺寸已经很大了。

3. 由于要缩小图像，因此要从【重新采样】下拉列表框中选择【两次立方（较锐利）（缩减）】选项。单击【确定】按钮（图 6.34）。

图 6.34 要缩小图像时，请使用【两次立方（较锐利）（缩减）】重新采样来获得最佳效果

注释

我用手机拍摄了图 6.34 所示的照片。没有高端相机绝不是阻碍创作的借口！我也可以使用非常昂贵的相机来拍摄照片，但是对于创建画笔来说，我手机已经绰绰有余了。

4. 选择【图像】>【调整】>【阈值】。

【阈值】命令将图像转换为纯黑白色，没有灰色阴影。

5. 调整阈值，使喷溅看起来非常干净，然后单击【确定】按钮。

现在，你应该拥有的是一幅纯黑白图像，而不是灰度图像。马上你就要使用这幅图像创建画笔了（图 6.35）。

若要使用这幅喷溅图像创建画笔，请执行以下操作。

1. 选择【编辑】>【定义画笔预设】。

出现【画笔名称】对话框（图 6.36）。

2. 为画笔添加一个描述性名称，单击【确定】按钮。

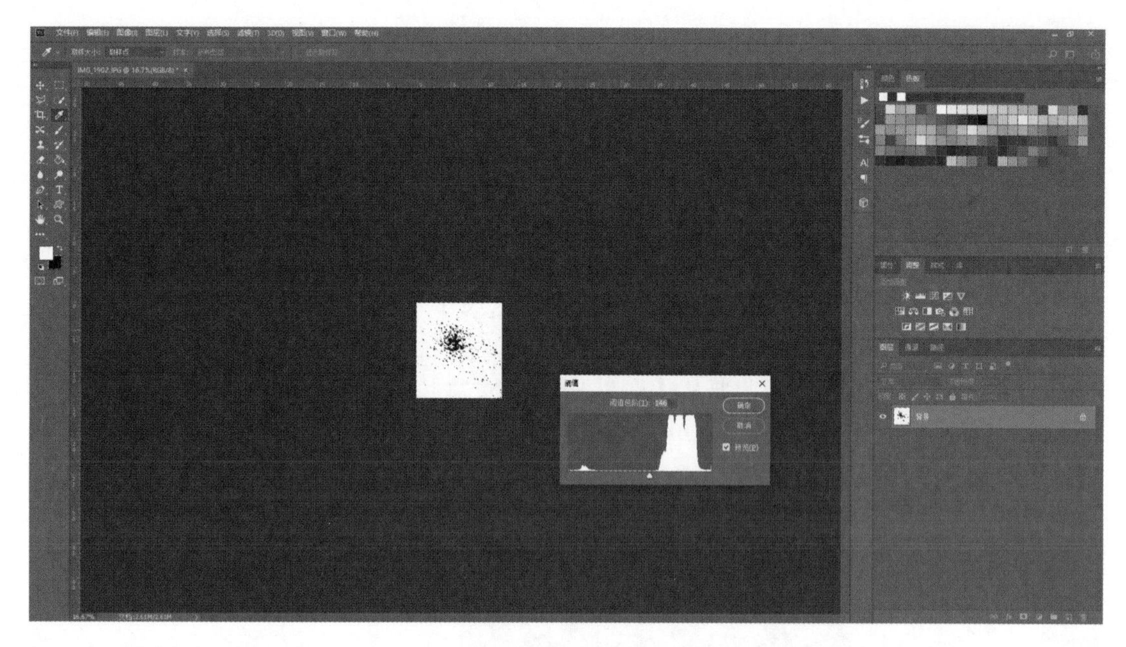

图 6.35 要创建一个好的喷溅画笔，需要调整阈值，确保原始图像是纯黑白的，没有灰色

图 6.36 【画笔名称】对话框

该画笔就被添加到可使用的画笔集合中了。

创建画笔后，你就可以在图像中使用它了。不要停下来，继续尝试。由于你已经不再需要这个图像文件了，可以将它关闭。当弹出的对话框询问你是否要保存更改时，单击【否】按钮即可。

若要使用自己创建的画笔，请执行以下操作。

1．在形状图层上方创建一个新的图层，并将其命名为“喷溅”。

2．选择一个鲜艳的颜色，如鲜绿色。

3．单击就可以在图像上添加喷溅效果了（图 6.37）。

这看起来真的很酷，但是请先停下来！先不要为所欲为地添加喷溅，因为还有更好的方法。还记得你是如何用动态笔刷使虚拟生物的鬃毛看起来自然而随意的吗？ 我们可以使用相同的工具，以及我们还没有讨论过的其他设置，使这个画笔产生惊人的效果。

图 6.37 在图像上添加的鲜绿色喷溅效果

6.9.3 让画笔更酷

现在，你将创建一个画笔，它会在每次单击时自动旋转和变形，类似虚拟生物的鬃毛。这次，你将在画笔中添加一个新功能——随机分配颜色，就像之前随机分配位置一样。

若要创建随机分配颜色的画笔，请执行以下操作。

1．选择画笔工具后，选择【窗口】>【画笔】或单击选项栏中的【切换“画笔设置”面板】，打开画笔设置面板。

2．设置【形状动态】和【颜色动态】（图 6.38）。

【形状动态】的设置如下。

- 大小抖动：50%（随机化尺寸）。
- 最小直径：0%。
- 角度抖动：100%（使喷溅旋转随机出现）。
- 圆度抖动：75%（这会使一些喷溅变细）。
- 最小圆度：25%。

【颜色动态】是添加颜色和使颜色随机化的地方，重要设置如下。

- 前景 / 背景抖动：0%。
- 色相抖动：100%（使颜色完全随机）。
- 纯度：90%（使颜色更加鲜艳）。

调低【亮度抖动】和【饱和度抖动】，使画笔像原始颜色一样明亮和饱和。

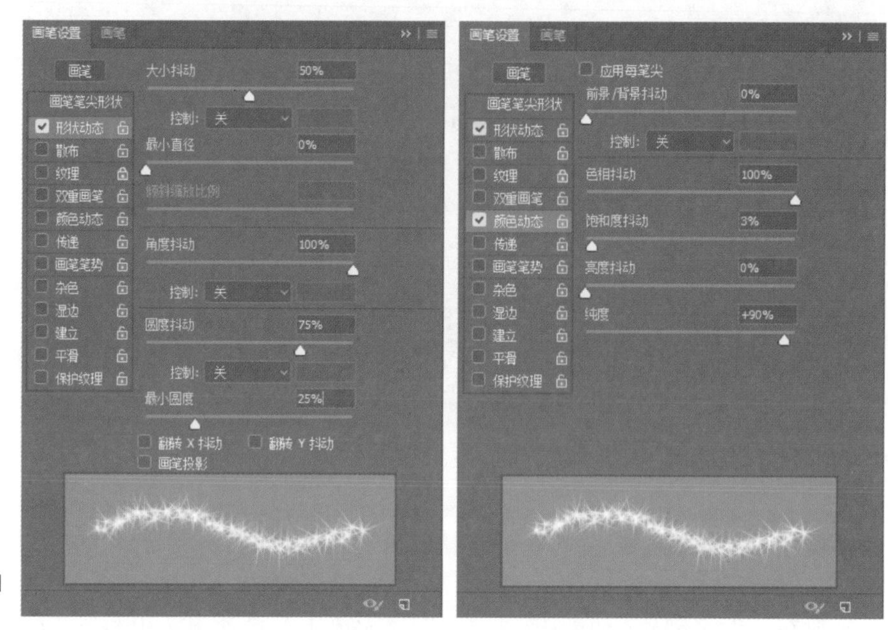

图 6.38 【形状动态】和【颜色动态】设置

3．单击模特和虚拟生物周围，查看这些设置的效果。

每次单击都会出现喷溅，但它们的颜色和形状各不相同。仅需在模特和虚拟生物后面添加少量喷溅，不要拖动。这种效果需要有意放置（图 6.39）。

图 6.39 因为我们对画笔的动态进行了自定义，所以每次单击时，喷溅的颜色和形状都会有所不同

请注意不要添加得太过，如果添加得太过，也可以删除图层再重新开始。第一次使用这个画笔的时候很难不出错，因此你可以在一个新图层上先尝试一下，然后再删除它即可。一般情况下，我会把图层的不透明度降低到 50% 左右，这样喷溅的颜色不会过多地遮盖图像。在这里，我们想要的是微妙的效果，而不是霓虹灯般疯狂的效果。

图层复合

随着项目的发展，它可以开始朝着你自己想要的方向发展。有了这幅图像，我对模特的地位就有了清晰的认识。有一个更好的方法可以使她成为焦点，并产生更多的神秘感。过去，我曾经使用多个文件来创建文档的多个版本，但现在，我更喜欢使用【图层复合】功能，特别是在较小的图像上。

【图层复合】功能允许你为文档及其当前状态下的所有图层制作快照。你可以尝试改变一些事情，当想法完成后将其保存为另一个图层。这样，你就可以很容易地在这两个版本之间进行切换来比较它们。这个方法在跟客户打交道时尤其有用，因为你可以在一个文档中显示图像的多个版本。

若要创建图层复合，请执行以下操作。

1．选择【窗口】>【图层复合】，打开图层复合面板（图 6.40）。

图 6.40　图层复合面板

2．单击【创建新的图层复合】按钮。

出现【新建图层复合】对话框。输入名称和描述性注释，并确保选择了【可见性】、【位置】和【外观】（图 6.41）。

3．单击【确定】按钮。

新建的图层复合就会显示在面板中了（图 6.42）。

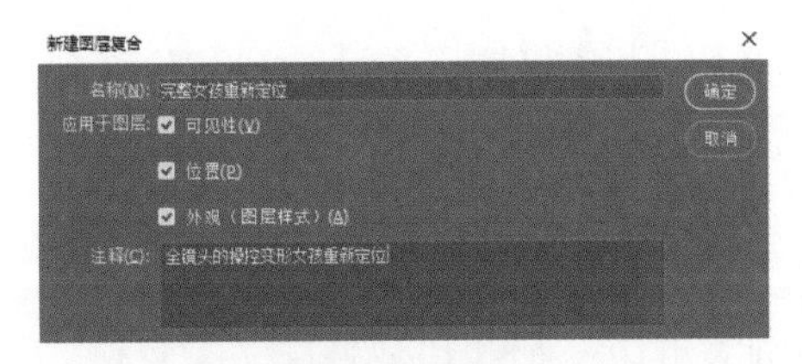

图 6.41　【新建图层复合】对话框

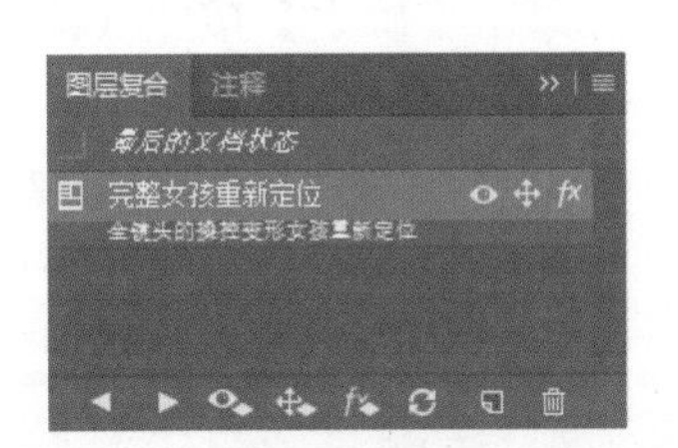

图 6.42　显示新图层复合的图层复合面板

你现在已经保存了这个布局，可以尝试做一些更改。记住，你永远可以回到现在的位置。图层复合使你能够将布局锁定在一个特定的状态，你随时可以返回到该状态。

组合、调整

将旧的模特图层及其调整图层放到一个新的图层组中，并将它隐藏。然后放置 ToughGirlCU.jpg 的嵌入式副本，并为图像添加蒙版。添加一个【色相 / 饱和度】调整图层并选择【着色】，将【色相】和【明度】均设为“0”，将【饱和度】设为“40”。将调整图层剪贴到【ToughGirlCU】图层，将【ToughGirlCU】图层及其剪贴蒙版放到一个图层组中，并将其命名为“GirlRed”。

现在看看这幅图，它的布局看起来更好了。再试着调整一些内容，然后你就可以准备把它打包了。

★ ACA 考试目标 4.3

使选区更完美

做出正确的选区是成功的关键。现在，你将学习一些可以用于制作选区和蒙版的技巧。请记住，它们之间的联系非常紧密。实际上，所有选区都是图像上的临时蒙版，它限制你可以编辑的图像区域。

你已经制作了一些选区，即虚拟生物和女模特。应确保你已经保存了这些选区，以便以后使用。你可以分成多个步骤进行，但每一步都有自己的关键点。熟悉这些步骤来掌握选区。

1. 要载入模特的选区，你可以按住 Ctrl 键（Windows）或 Command 键（macOS）并单击图层缩略图。这是快速选择蒙版或图层上所有内容的方法，也是一个重要的快捷方式。你每天都会用到它！

2. 选择【选择】>【存储选区】。【存储选区】可以让你保存所选的区域，并在以后的图像中重复使用。我们将探讨一些达到这个目的的方法。当出现【存储选区】对话框时，在【名称】文本框中输入“模特”并单击【确定】按钮（图 6.43）。

3. 按住 Ctrl 键（Windows）并单击图层蒙版（在 macOS 中按住 Command 键并单击），保存狮子的选区。请记住，这个方法始终可以将蒙版作为选区加载。将选区命名为“狮子”。

4. 选择【选择】>【载入选区】，即可加载已保存的选区。文档中所有保存的选区将显示在【通道】下拉列表框中。加载模特选区（图 6.44）。

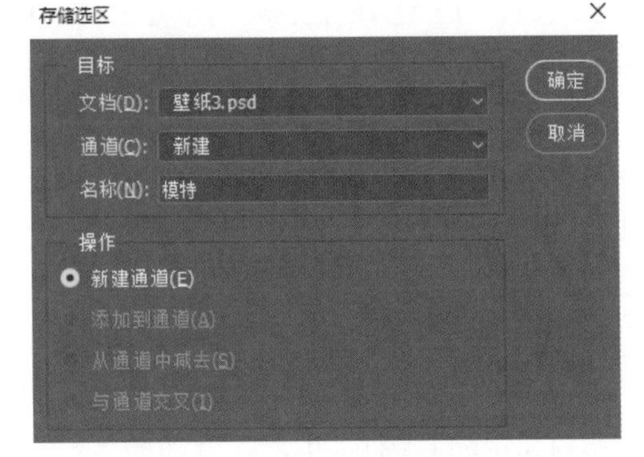

图 6.43 【存储选区】对话框。在新的通道中保存你的选区，并为它们起一个令人难忘的名字

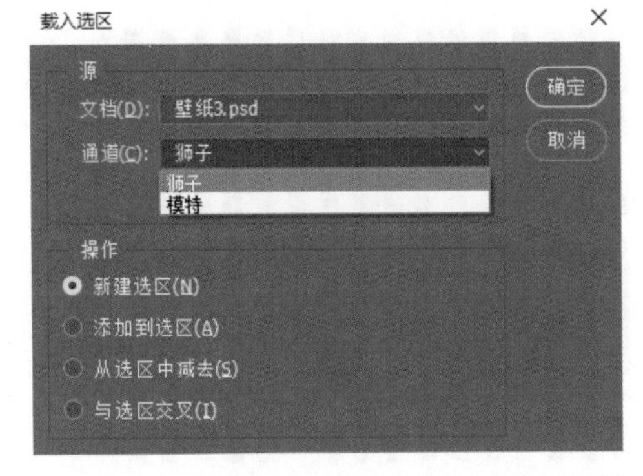

图 6.44 文档中已保存的选区将会出现在【载入选区】对话框的【通道】下拉列表框中

5．在【载入选区】对话框中的【操作】区域，有多种组合方式来保存选区。这使你可以用多种方式组合你的选区。选择【添加到选区】来加载狮子的选区（图 6.45）。

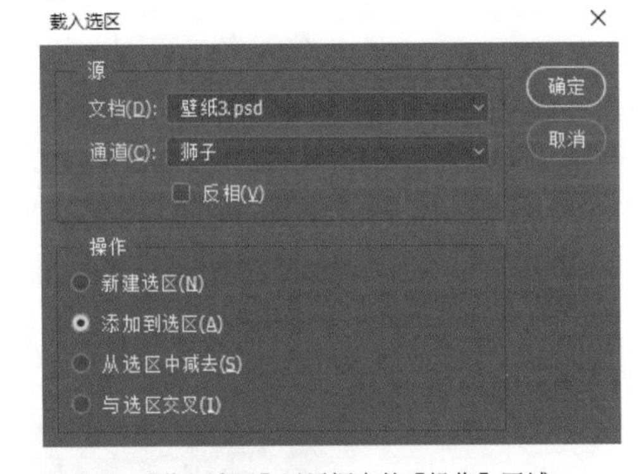

图 6.45 【载入选区】对话框中的【操作】区域

还有另外两个重要的快捷方式。你可以按快捷键 Ctrl + Shift + I（Windows）或 Command + Shift + I（macOS）来反选选区，也可以选择【选择】>【反选】。要取消选区，你可以按快捷键 Ctrl + D（Windows）或 Command + D（macOS）或选择【选择】>【取消选择】。

为选区添加线条

我喜欢在图像中使用线条——这样产生的动态或感觉可以为图像引入一些方向。这是我喜欢使用的技巧，是一个很好的捷径。我曾经使用 Illustrator 来创建这种外观，也曾费力地使用 Photoshop 中的标尺来创建这种外观，直到偶然发现了如下所述的技巧。

你需要做的就是创建一个文本图层，其中包含一堆大写字母 I。使用这个技巧时，我喜欢使用 Arial Black 字体，但其实任何没有衬线、较粗的字体都可以使用。创建足够多的字母 I，直到它遍及整个图像。设置字体大小，使字母之间的宽度与字母本身的宽度相同。现在，将字母向上下方拉伸，使它们看起来像图 6.46 中均匀分布的线条。

图 6.46　用文本创建图层是快速创建几何选区的好方法

现在，按住 Ctrl 键（Windows）或 Command 键（macOS）并单击图层缩略图，将这些线条作为选区加载，保存该选区。我通常也会将它们旋转 45 度后再次保存，因为我经常这样使用它们。当然，你也可以稍后再旋转活动选区。选择完选区后，你可以删除该图层或将其拖到背景纯色填充图层的下方，以备日后再次使用。

复制【GirlRed】图层组，然后加载 45 度角选区并创建该图层组的蒙版。打开图层组，修改【色相 / 饱和度】调整图层，将【饱和度】降低为“0”。接下来，使用【渐变叠加】样式，并选择预设的【蓝，红，黄渐变】。按住 Shift 键，以 45 度角沿着刚才创建的线条拖动图层组，移动女孩的各个部分（图 6.47）。

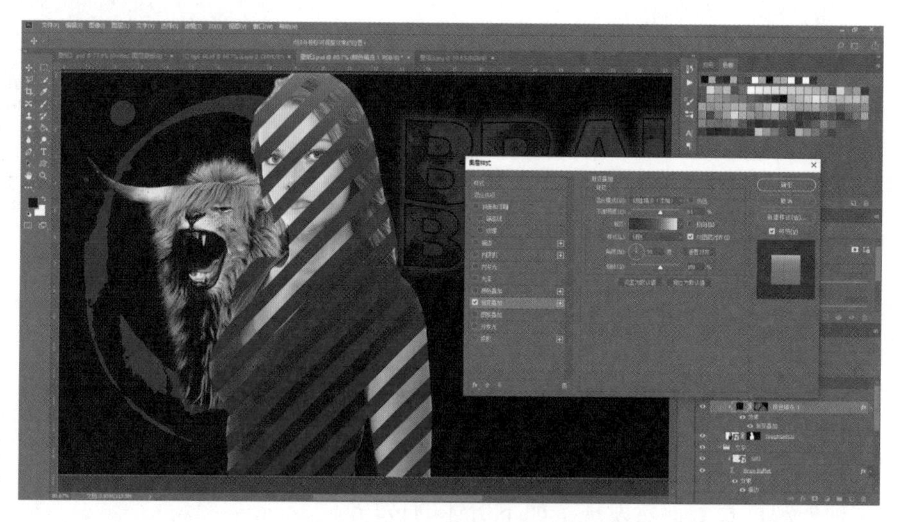
图 6.47　为倾斜的变形图案添加【渐变叠加】样式

因为单独使用这个图层组产生的效果并不明显，所以我们需要将它与其他图层继续合并，然后尝试一些图层混合模式，如【滤色】，并擦除覆盖在主角脸上的效果，只保留其中的一些元素（图 6.48）。

图 6.48 你可以擦除部分对角线选区来创建艺术偏移效果

保存文件、保存图层复合

你已经做了相当多的工作，现在，你需要保存文件，同时保存图层复合。选择一个名字，并添加一个简短的描述。

6.9.4 为图像添加喷溅效果

★ ACA 考试目标 2.6

接下来讲解一个很棒的技巧，它在近几年的电影海报中非常流行，有时也被称为分散效果。复制这种效果也非常容易，我们快来试试吧！

复制【GirlRed】图层组并将最上面的副本命名为“GirlShatter”。将顶层图层的不透明度降低到50%左右，这样你就可以看到重叠的位置了。将【GirlShatter】图层移到右侧，确保脸部皮肤有重叠（图 6.49）。原件和副本看起来应该是脸贴脸的，或者有一点重叠。

图 6.49 确保角色脸部皮肤和手臂部分都有重叠

现在，创建一个新的空白图层，并使用套索工具随机绘制一个锯齿形选区，并用黑色填充这个选区。选择【编辑】>【定义画笔预设】，新建一个画笔并命名为“喷溅”（图 6.50）。删除创建画笔的图层。

修改【画笔笔尖形状】，使【间距】为“150%”，然后按照图 6.51 中的值调整【形状动态】。

现在，在【GirlRed】图层组上创建一个蒙版，用其仔细绘制图像。让蒙版尽量靠近脸部，不要离得太远，这样可以让脸部呈现最好的效果。

接下来，让【GirlShatter】图层组可见，调高不透明度并在该图层组上创建蒙版。用黑色填充该蒙版，使图层组中的内容全部隐藏。然后换成白色画笔，再次在人物身上轻涂，重点放在要减去的区域周围。

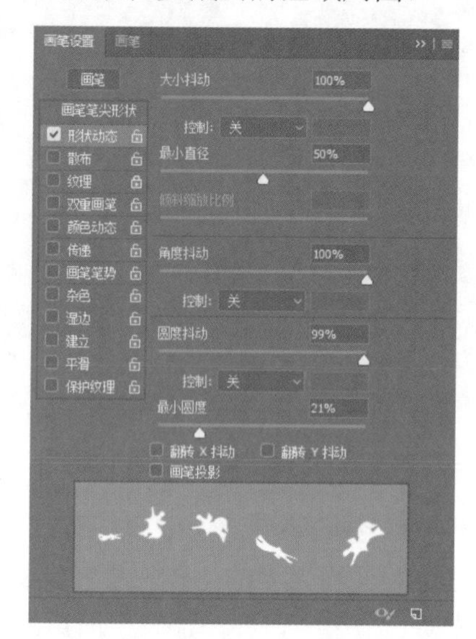

图 6.50　用随机锯齿形创建一个新画笔

图 6.51　设置【形状动态】，创建随机喷溅画笔

尽量让图像看起来像图 6.52 一样。当我用这种技巧从可溶解的物体上移开画笔时，我倾向于让画笔变小，并且让画笔只在两个蒙版的黑白之间来回移动，尽量让图像产生我想要的效果。当然，这需要反复试验。

图 6.52　使自定义画笔具有随机性，使模特看起来部分溶解

6.9.5 神奇的渐变

★ ACA 考试目标 2.5

这是我要讲的最后一个技巧，也是我最近才学会的。我用 Photoshop 15 年多了，但我仍然在不停地学习新知识。这就是 Photoshop 如此出色的一个重要原因，你可以尝试很多有创意的试验，也可以学习很多神奇的技巧。

你将创建一个稍扭曲的新渐变。选择【渐变工具】，然后在选项栏中双击渐变预览，打开【渐变编辑器】对话框（图 6.53）。

渐变条上方是不透明度色标，它的位置决定了该渐变部分的可见性。不透明度色标上的标记与蒙版相反：黑色表示透明，白色表示不透明。渐变条下方是颜色色标。颜色色标指示的是颜色在渐变中出现的位置，你可以自定义每个颜色色标。

注释

如果色标显示的是两个小方框，则它使用的是前景色或背景色。当更改它们时，色标的外观也会改变。

在任一区域单击就可以添加色标，而若想删除色标，只需要将它拖出该区域即可。如果要编辑色标，你需要选择它，然后在【渐变编辑器】对话框的底部设置所需的颜色或不透明度。（图 6.53 显示了所选的色标。）请创建一个图 6.53 所示的渐变，然后单击【新建】按钮保存预设。

单击【确定】按钮关闭【渐变编辑器】对话框并创建一个新的图层。

继续使用【渐变工具】，按住 Shift 键在文档中垂直拖动即可创建渐变效果（图 6.54）。不同的渐变类型有着不同的效果，每一种都有自己的“魔力”，你应该亲自尝试一下。除此之外，你还可以使用【自由变换】功能来调整所创建的渐变，也可以使用蒙版或仅使用橡皮擦来让渐变更亮丽。你还可以尝试调整图层的混合模式和不透明度。

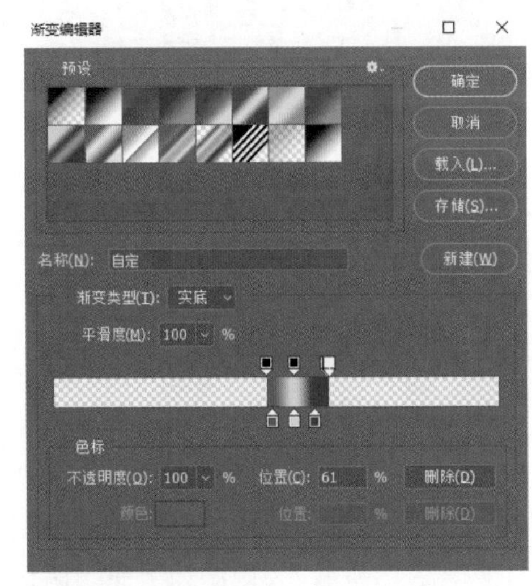

图 6.53 【渐变编辑器】对话框允许你创建和存储自定义渐变预设

图 6.54 我让渐变产生了一种微妙的效果：最后面是对角直光束渐变，模特身后是圆形渐变。我删除了图像中原有的部分内容，并根据自己的审美调整了混合模式

6.10 最后调整

真棒！你已经完成了大部分的工作，但你还可以在位置、混合模式、调整图层等方面做一些其他尝试。在图 6.55 上，我做了如下调整：保存了一个图层复合，然后将与模特相关的所有图层重新排为一个图层组，又放大了模特；使用蒙版为她增添了活力，使红色只在眼睛里出现；还为她添加了曲线调整图层，这样可以增加对比度，眼睛处需要添加蒙版。我对虚拟生物也进行了类似的调整。你始终可以使用图层复合，这样可以用不同的方式保存不同版本的文件。

图 6.55 最终的壁纸效果使用了你在本书中学到的所有技巧

保存你的文件，并将其另存为“WallpaperCOMPS.psd”。同时将最后进行的所有调整构成一个新的图层复合。

打开图层复合面板，查看之前制作的所有版本。图层复合是显示文档多个版本的好办法。

注释

如果一些图层不在画板上，那它们将不会被限制在画板中。你可以通过折叠画板来确定画板外部是否存在其他东西，并根据需要移动它们。

利用这些图像元素，快速生成一张手机壁纸。因为你已经制作好了桌面壁纸，所以这个过程将非常简单，只需要几分钟。

要创建一个新的画板，请执行以下操作。

1．选择与【移动工具】一组的【画板工具】。

2．在选项栏中，单击【添加新画板】按钮，创建一个新的画板。

3．单击现有画板旁边的文档工作区，新的画板将出现在你单击的位置。

4．在选项栏中，从【大小】下拉列表框中选择你所需要的手机屏幕尺寸，画板大小将随即调整（图 6.56）。

创建新画板后，你可以按住 Shift 键一次选择多个要复制的元素。复制完成后，将它们拖到新的画板中，并将元素重新进行排列。

画板在图层面板中的工作方式与图层组相同，不同之处在于它们位于界面的不同位置，画板上的所有图层组必须共享同一区域。

图 6.56　多个画板可以让你在一个 Photoshop 文件中为一个项目创建大小不同的文档

6.11　保存并导出画板

至此图像就制作完成了！你已经学习了你需要知道的所有软件技能，现在我想向你展示最后一个快捷方式和技巧。你将使用 Photoshop 的一个新功能——【导出为】命令，一次性保存多个版本的作品。

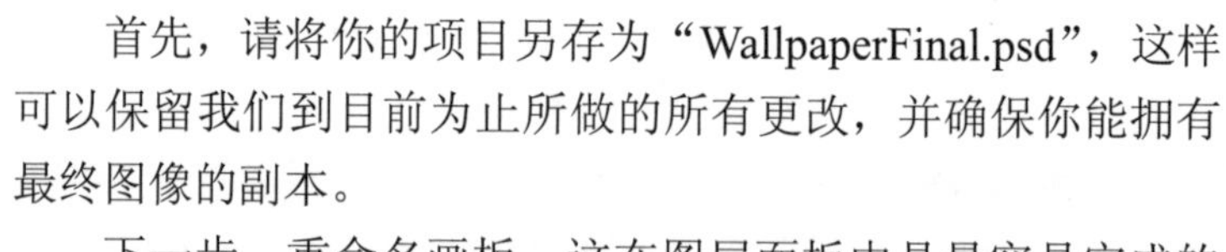

首先，请将你的项目另存为“WallpaperFinal.psd”，这样可以保留我们到目前为止所做的所有更改，并确保你能拥有最终图像的副本。

下一步，重命名画板。这在图层面板中是最容易完成的任务，方法与重命名图层一样。按照画板的设计目标将它们重命名为“桌面”和“手机”（图 6.57）。这在我们导出时将非常有用，因为文件的名称与画板的名称是一样的。

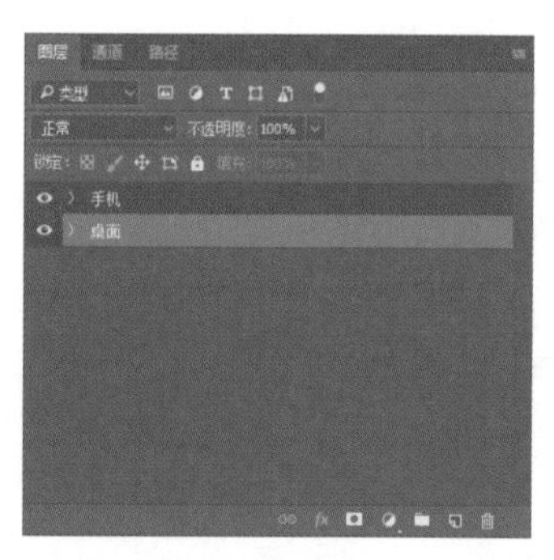

图 6.57　重命名画板

现在，只需一个简单的步骤，你就可以以实际尺寸的

100% 和实际尺寸的 50% 导出这两个画板。当你需要多种尺寸的图像时，这个功能可以帮到你。它是 Photoshop 的一项新的重要功能，可以为你节省大量时间。

要以多种尺寸导出 Photoshop 图像，请执行以下操作。

1. 选择【文件】>【导出】>【导出为】，打开【导出为】对话框（图 6.58）。

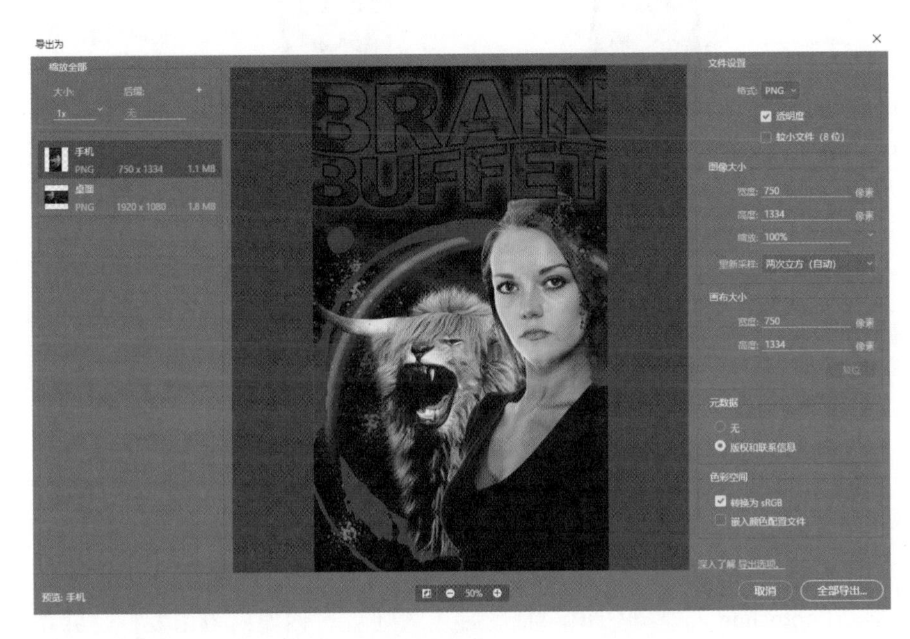

图 6.58 在【导出为】对话框中，你只需进行简单操作，就可以导出多个画板的多种尺寸

2. 单击对话框中【缩放全部】区域的【+】按钮，即可添加其他尺寸。在新条目的【大小】下拉列表框中选择【0.5x】。你还可以输入自定义文件名的扩展名。我在示例中输入了“halfsize”。

注释

若文档中没有画板，【导出为】将根据文件名命名；若文档中有画板，【导出为】将根据每个画板的名称命名。

在对话框中【图像大小】区域设置的尺寸决定了 1 倍图像的大小，其他图像的大小都将与此设置相关。

3. 设置所需的其他选项，确定文件格式、图像大小、元数据和色彩空间等。

4. 单击【全部导出】按钮导出文件。

系统将要求你选择储存文件的位置，但文件的名称是根据画板和扩展名设置自动创建的（图 6.59）。

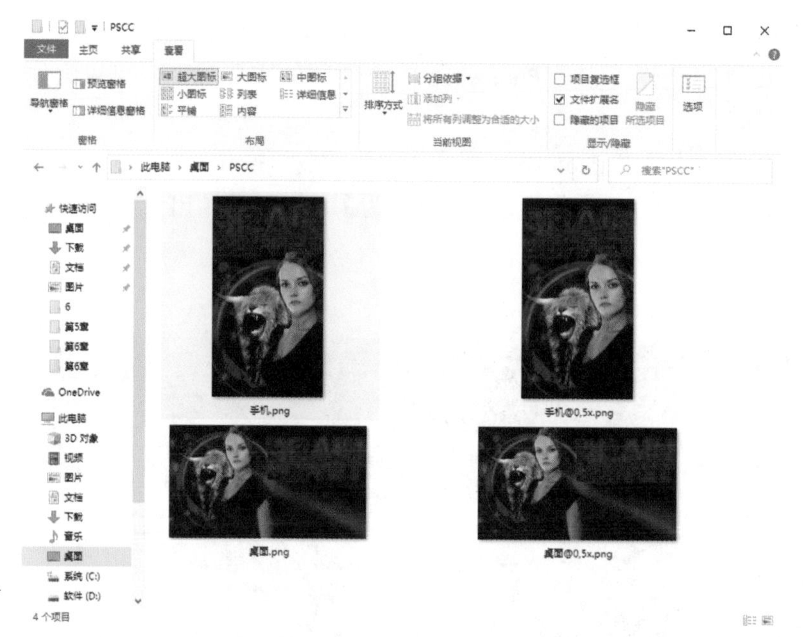

图 6.59 两个画板各自的两个版本

就是这样！你已经完成了最后一个项目。在下一章中，我们将回顾和扩展 Photoshop 作品的导出功能，后面还会有几章讨论如何开发你的创造力，以及如何在设计行业中开展工作。

后面的课程将不会像这几章那样，需要实际动手操作。但我认为，它们仍是提升你的创造力、助力你事业成功所必需的知识。本书前面讲授了 Photoshop 的基础知识，而最后几章则将教你如何自由发挥，并帮助你在 Adobe 认证考试和未来的行业中取得成功。请不要跳过后面的内容，它们涵盖的概念非常关键，也非常有趣！

本章目标

学习目标

- 了解使用家用或办公打印机打印设计的注意事项。
- 了解 Web 所用格式的限制条件。
- 了解如何设计和检查准备用于商业印刷的图像。
- 了解将导入其他 Adobe Creative Cloud 应用程序的图像的格式。

ACA 考试目标

- 考试范围 5.0
  使用 Adobe Photoshop 发布数字图像 5.1 和 5.2

第 7 章

发布作品

我们已经学习了很多章！你一开始有没有想过能在这么短的时间内学这么多？这是很棒的过程。我希望你能接受一些挑战，用自己选择的图像来重新创作或重新设计出你的最终作品，使之成为真正原创和个性化的东西。这就是设计之美！选取素材进行重塑，或者再次使用相关技能和工具来创新。创造从来没有被创造过的东西的感觉太酷了。

现在请回顾将你的作品导出为共享格式的方法。无论是在纸上打印还是在线分享，本章都提供了所有你需要了解的与他人共享文档的基础知识。共享目的不同，需要采取的步骤也不同，因此，我将根据共享目的来讲解共享方式。其中的一些内容在其他章粗略地提到过，现将它们都汇总于本章，你需要以特定方式生成图像时，可以将其作为参考。

★ ACA 考试目标 5.1

7.1 在家或办公室打印

对我们大多数人来说，我们发布或分享作品的常见方式是在家或办公室将作品打印出来，或上传到网上。为客户创建快速合成草图（复合）或预览时，你也可以用这种方式。家用打印机（和办公室打印机）已经过校准，可以与 RGB 色彩空间——计算机的默认色彩空间配合使用。即使最终要打印到使用 CMYK 墨水的设备上，你也可以将其作为 RGB 图像发送至打印机。

注释

在使用家用喷墨打印机或激光打印机时，请勿将图像转换为 CMYK 格式。因为大多数家用和办公打印机都可处理RGB图像。

在本节中，我将与你分享其他一些很好的捷径和技巧，供你在家或办公室打印作品时使用。请记住，每台打印机都略有不同，制造商之间的差异更大。如果默认解决方案不适用，则可能需要进一步检查打印机文件，通常在家用或办公打印机中，这些标准操作可确保始终如一的高质量打印。

7.1.1 快速打印

在 Photoshop 中，选择【文件】>【打印】，或按快捷键 Ctrl + P（Windows）或 Command + P（macOS）。打开【Photoshop 打印设置】对话框（图 7.1），你可以设置适合在家打印的打印参数。以下设置有助于将图像按比例打印到纸张的打印区域或打印为图像实际尺寸。

- 打印机设置：单击【打印设置】按钮，在打开的对话框中，你可以看到【布局】选项卡，在其中你可以将图像设置为以纵向（垂直）或横向（水平）打印。在本项目中，选择横向。
- 色彩管理：此部分的一些设置可以在打印时有效显示最佳颜色。首先，如果你的打印机没有安装自定义颜色配置文件，就从【颜色处理】下拉列表框中选择【打印机管理颜色】选项（并在【Photoshop 打印设置】对话框中启用打印机的颜色管理）。如果你安装了国际色彩协会（International Color Consortium，ICC）颜色配置文件，则从【颜色处理】下拉列表框中选择【Photoshop 管理颜色】，这样 Photoshop 内部色彩管理系统就可以进行色彩处理。下一步是从【渲染方法】下拉列表框中选择【相对比色】选项。【渲染方法】指定如何管理颜色，而【相对比色】可以将色域外的颜色切换为最匹配的颜色。
- 位置和大小：你可以在【缩放后的打印尺寸】这一部分指定图像的最终打印大小。最常见的情况是以 100% 比例打印，以获得最终图像的实际大小。有时，你需要缩小或放大图像以适应打印纸张的尺寸。当原始图像太大而不能在一个页面上显示时，此功能尤其方便。选择【缩放以适合介质】会自动将图像缩放到你指定的纸张尺寸进行打印（无论打印机中的纸张大小）。

根据需要自定义更改打印设置后，单击【打印】按钮将图像发送到打印机。打印时间取决于你的图像以及 Photoshop 为打印机准备的图像处理工作。

注释

设备的色域是设备所能产生的完整颜色范围。

注释

在一些职业资格考试中，你可能会遇到要求打印图像题目的情况，你可以执行上述操作，包括单击【打印】按钮。

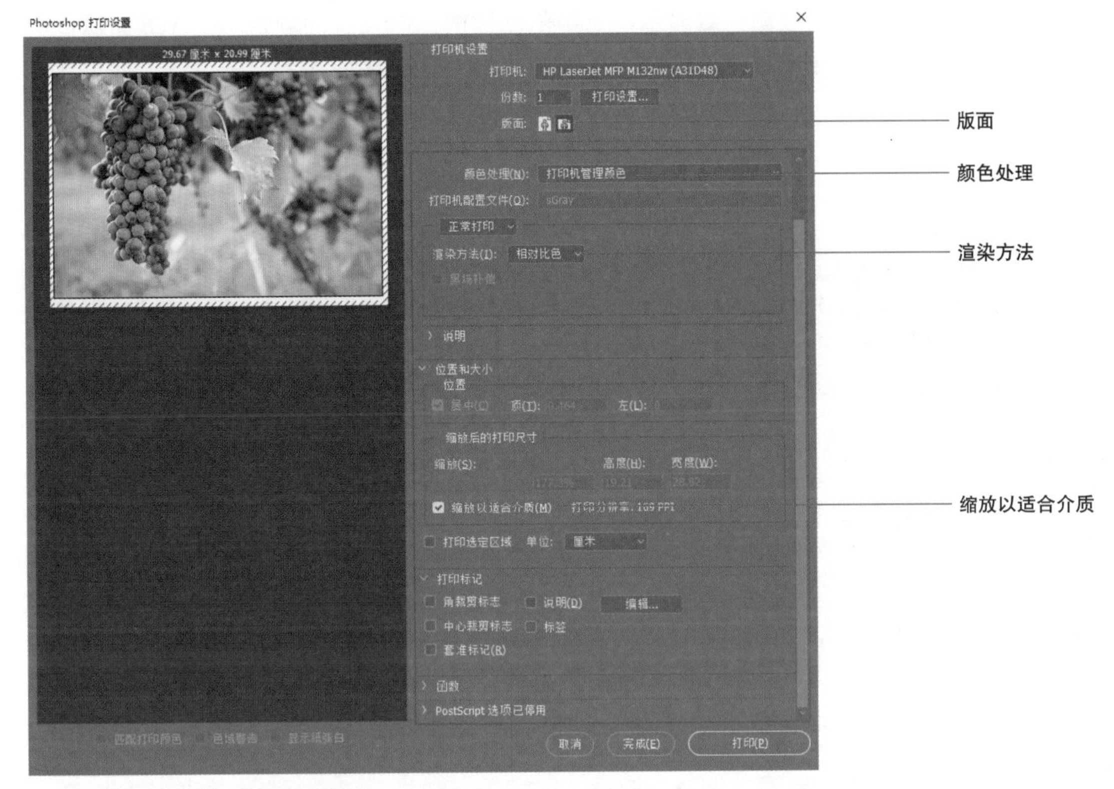

图 7.1 【Photoshop 打印设置】对话框

7.1.2 存储为 Web 所用格式

★ ACA 考试目标 5.2

在前面的章节中，我们已经讨论过将图像存储为 Web 所用格式的方法，这些方法可以作为参考。接下来将介绍一些在前几章中未详细描述的细节概念。

首先，确保你工作的颜色配置文件是 sRGB。这是 Photoshop 的 RGB 图像标准，也是 Web 的最佳工作空间。在 Photoshop 里打印文件时，此选项为默认设置，但并非 Web 预设。为确保设计内容和在 Web 上看到的内容一致，在设置文档时要将工作空间设置为 sRGB（图 7.2），这样在保存时文档就会转换为 sRGB。

长期以来，人们一直误认为 Web 图像需要设置成 72 像素 / 英寸（ppi）的分辨率。其实处理 Web 图像时，分辨率并不重要。数字显示器上的数字图像以像素数显示，而不是创建图像时设置的分辨率。Web 图像以网页或应用程序设置的图像尺寸显示，分辨率由显示设备设置。如果我在手机和显示器上查看相同的 Web 图像，则它们的大小是不同的。图像的每英寸像素数取决于显示屏的分辨率，而不是图像文件的分辨率。

> **注释**
> 要将配置文件分配给现有文档，可选择【编辑】>【指定配置文件】。

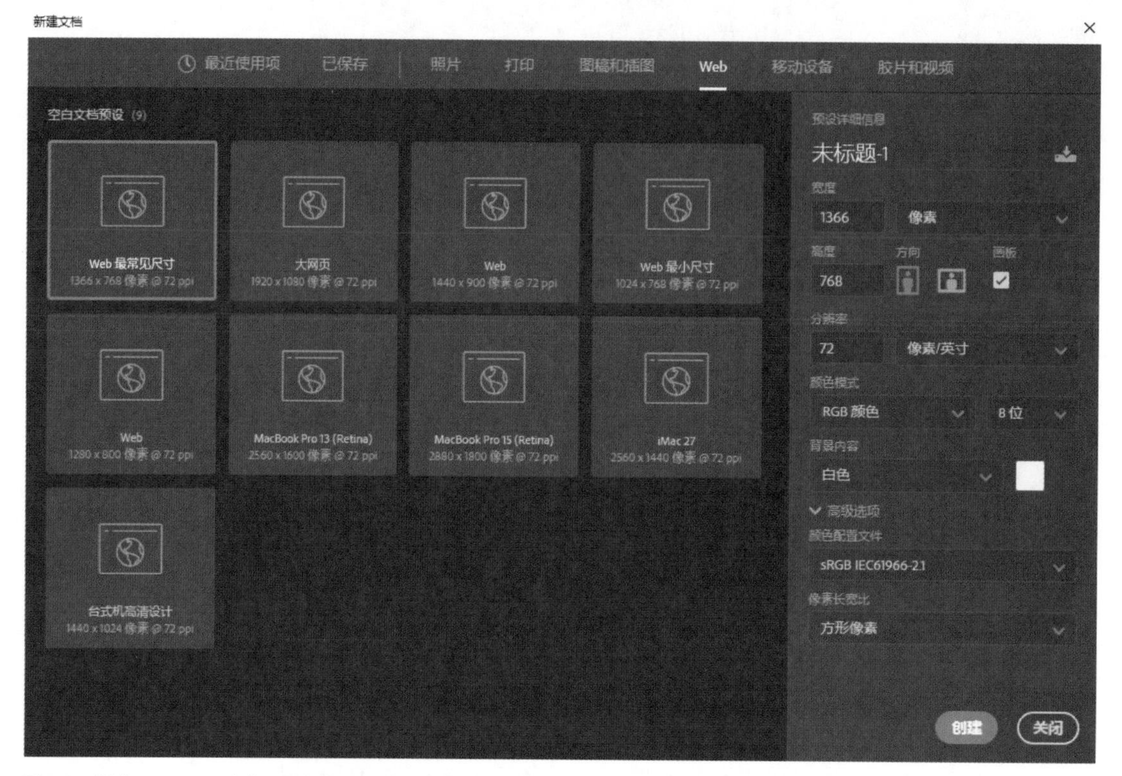

图 7.2 新建 Photoshop 文件，以便在 Web 上（或通常在屏幕上）显示时，为确保与保存的文件颜色一致，你的颜色配置文件可以使用 sRGB

将照片存储为 Web 所用格式

在 Web 上应用的图像应保存为 JPEG 或 PNG-24 格式。JPEG 图像更为常见，并且任何网站都接受该格式图像。PNG-24 是较新的标准，其优点是可以完全实现 Alpha 透明，这意味着像素为部分可见。

JPEG 图像

JPEG 文件通常是将照片存储为 Web 所用格式时的最佳格式，是人们普遍接受的最小文件尺寸。将图像存储为 Web 所用格式时，主要考虑的是质量设置。你可以使用“双联”视图来比较不同的质量设置，就像在本书前几章所讲的那样。让我们回顾一下将图像保存为 JPEG 格式时的一些主要注意事项（图 7.3）。

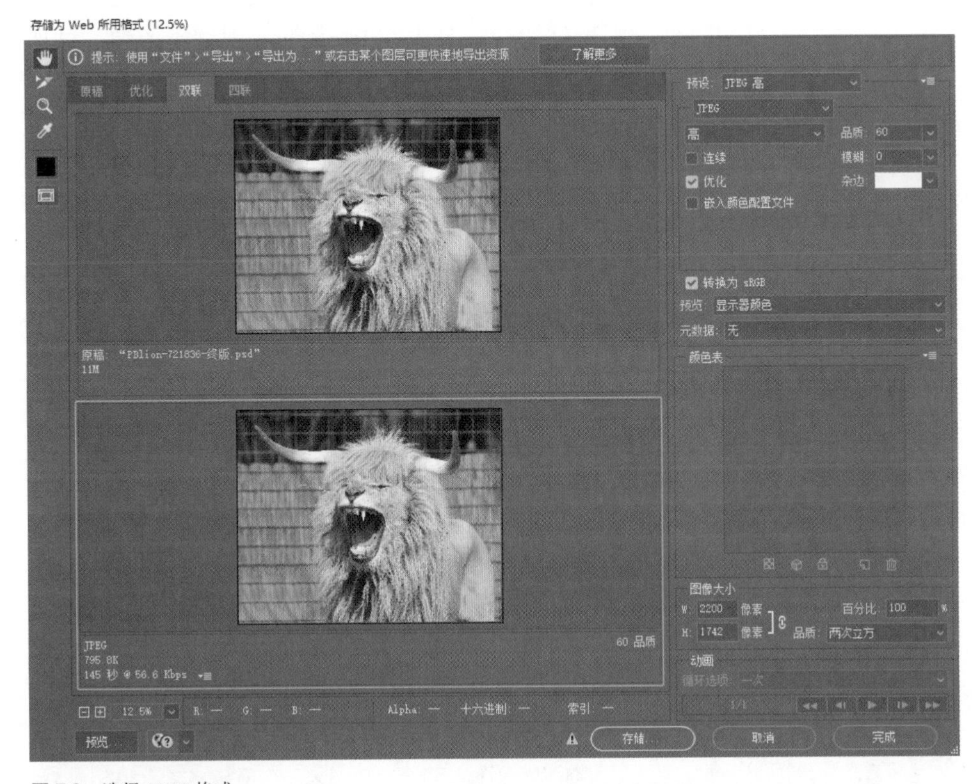

图 7.3　选择 JPEG 格式

- 品质：你可以从“低”到“最佳”中选择存储图像的品质，也可以使用 0 到 100 之间的数值手动设置品质。这通常需要根据图像和文件的预期用途来设置。
- 优化：选择此选项可以创建更小的文件，但是一些旧系统可能无法打开文件。如果系统无法识别该文件，则尝试取消选择【优化】。
- 嵌入颜色配置文件：若无特殊用途，取消选择此选项。最好选择将图像转换为 sRGB。
- 转换为 sRGB ：选择此选项可确保设计内容与在 Web 上看到的颜色一致。

- 元数据：此下拉列表框中的选项可以指定从最终文件中删除的信息数量。使用文件所需的最少元数据可以使文件最小化，减少图像中的个人识别信息。
- 图像大小：在此部分可输入图像的最终导出尺寸。如果图像质量不是很重要，则最好的做法是先在 Photoshop 中缩小图像，这样通常效果会很好。

设置完成后，单击【存储】按钮。在【存储为】对话框中设置文件名并选择存储位置。

PNG-24 图像

PNG-24 是一个相对较新的图像标准，主要优点在于它能真正实现 Alpha 透明。此格式的图像文件通常比 JPEG 文件大，但是质量很高。用 PNG-24 保存的最终图像的质量通常等于 JPEG 品质为最高级别的图像的质量（图 7.4）。

图 7.4　保存为 PNG-24 格式时可创建小尺寸、高质量的图像

创建 PNG-24 图像的选项很少，其中许多与 JPEG 图像使用的选项相同。

- 透明度：如果图像具有透明像素，选择此选项，图像大小不会改变。通常情况下，最好保留默认设置。
- 嵌入颜色配置文件：与前面相同，存储为 Web 所用格式时，若无特殊用途，取消选择此选项。
- 转换为 sRGB：选择此选项可确保设计内容与在 Web 上看到的颜色一致。
- 元数据：此下拉列表框中的选项可以指定从最终文件中删除的信息数量。使用文件所需的最少元数据可以使文件最小化，减少图像中的个人识别信息。
- 图像大小：为实现具体要求，你可以在此部分输入数值以更改导出图像的尺寸。最好的做法是导出之前在 Photoshop 中更改的图像大小，该大小调整功能所导出的图像质量可以满足大部分需求。

与所有的将图像存储成其他格式的步骤一样，设置完成后，单击【存储】按钮。在【存储为】对话框中设置文件名并选择存储位置。

注释

PNG-24 图像实际上是 32 位图像，其中使用 24 位颜色（可产生数百万种颜色），另外 8 位用于创建透明度信息。

将图形图像存储为 Web 所用格式

图形图像（如图形、徽标和其他具有纯色区域的图像）最好以索引文件格式（如 PNG-8 和 GIF）保存。你可能更熟悉 GIF 图像，而 PNG-8 是许多 Web 开发人员的首选新格式。索引图像格式最多可容纳 256 种颜色。只要图像类型正确，它们就能创建尺寸小、质量高的文件。我们讨论的两种文件格式都支持基于索引颜色的透明度，也就是特定的颜色呈现为透明，而其他所有颜色完全不透明。

保存为 PNG-8 格式

要将图形图像导出为 PNG-8 文件，可以从【存储为 Web 所用格式】对话框顶部的【预设】下拉列表框下方的【格式】下拉列表框中选择【PNG-8】选项。该文件格式有很多可用选项，这里不做详细介绍，但是建议你了解这些选项以获得最佳图像效果。我会在此处说明基础知识，你可以尝试一些其他设置，这样你会更清楚如何最好地使用此格式（图 7.5）。

注释

如果在【预设】下拉列表框下没有看到【格式】下拉列表框，请单击图像预览区域顶部的【优化】选项卡，这样就能看到【格式】下拉列表框了。

图 7.5　PNG-8 是索引图像的最新标准

- 减低颜色深度算法：可以选择 Photoshop 还原图像颜色的方式。
- 颜色：可以选择最终图像的颜色数量。
- 指定仿色算法：可以选择颜色在图像中的混合方式。
- 透明度：如果图像具有基于索引色的透明色，则选择此项。你一定要从此选项下面的【颜色表】中选择透明（索引）颜色。
- 转换为 sRGB：选择此选项可确保设计内容与在 Web 上看到的颜色一致。
- 将选中的颜色映射为透明：在【颜色表】中选择要变为透明的颜色后，单击此按钮就可以使图像透明。
- 图像大小：为实现具体要求，你可以在此部分输入数值以更改导出图像的尺寸。最好的做法是导出之前在 Photoshop 中更改的图像大小，该大小调整功能所导出的图像质量可以满足大部分需求。

与所有的将图像存储成其他格式的步骤一样，设置完成后，单击【存储】按钮。在【存储为】对话框中设置文件名并选择存储位置。

保存为 GIF 格式

保存为 GIF 格式与保存为 PNG 格式的设置相同，因此在这里不再赘述。除非目标系统无法识别 PNG-8 文件，否则最好始终使用 PNG-8 格式而不是 GIF 格式。但是，GIF 格式可用于动态图像，由于它创建的文件非常小，因此最适合作为 Web 上的动态图像的存储格式。若要保存全动态教学视频，最好以 MP4 格式导出。

其他有效导出方式

正如我们在本书前面所提到的，你可以使用【文件】>【导出】>【快速导出为 ***】功能，导出在 Photoshop 导出设置中设置的文件。此功能以预定格式快速导出图像，而无须修改任何选项。这有助于将正在进行的工作发送给客户、同事或朋友来获取反馈。

正如在第 6 章结尾所介绍的，你还可以使用【导出为】命令导出多个版本的文件或画板。我在第 6 章中已经对其进行了介绍，对于大多数初学者来说，这确实是一个很少使用的功能，所以请务必熟悉这种新型、高级导出方式的工作流程和基础知识。它拥有与旧版的【存储为 Web 所用格式】命令相似（但更简单）的设置，你可以一次性导出多种尺寸的图像，甚至是多个画板。

7.1.3 确定图像设置

存储图像为 Web 所用格式前需要进行预览。每幅图像都不相同，在你想要发布图像的一些平台对图像也有许多不同的质量和大小要求。因此，你需要测试和研究最适合的图像设置。

我们已经介绍了基础知识，并且说明了入门时需要了解的所有内容。如果你开始在 Web 上设计更多的内容，就要了解工作的首选格式的细微差别和复杂性。遇到不确定的情况时，可以使用【存储为 Web 所用格式】对话框中的多个视图来比较不同的文件格式和质量设置对图像产生的影响。

7.1.4 商业印刷设计

★ ACA 考试目标 5.1

在第 4 章中，我们介绍了许多有关创建图像的概念，这些图像会在胶印机上进行印刷。下面是一份快速检查清单，便于你确定用 CMYK 颜色模式印刷时应使用的设置。

1. 用 RGB 创建用于商业印刷的图像。你发送给打印机的最终图像需要转换为 CMYK，但是最好在工作时使用 RGB 色彩模式，因为 RGB 是 Photoshop 的本机色彩空间。使用 RGB 工作能最大限度地运用 Photoshop 的功能和工具，还可以进行软校样，让 Photoshop 显示转换后的图像。

2. 为目标打印机设置软校样。开始使用特定的打印机时，打印机可能装有颜色配置文件，你可以使用这些颜色配置文件以在屏幕上看到最终颜色的近似值。如果自定义颜色配置文件不可用，则可以使用标准的有效 CMYK 颜色配置文件，这样可以清楚了解最终图像的颜色。

3. 工作时经常以打印尺寸视图查看图像。这样可以在屏幕上显示最终图像的大致尺寸，帮助你确定合成设计元素所需的大小。请记住，要以打印尺寸视图向客户展示图像，以便他们了解打印时的尺寸。

4. 将最终图像的副本存储为扁平文档，再将其转换为 CMYK 并发送到打印机。这样可以缩减文件大小，确保图层不会意外打开或关闭。你也能查看发送到打印机的文件的色彩。将最终图像的副本存储为扁平 CMYK 版本的文件，便于你随时返回到原始 RGB 图层来进行必要的更改。

这 4 个步骤在打印设计方面进行了基本介绍。此外，每台商用打印机都会有一个文档，其中详细说明了该打印机的常用文件格式。大多数商用打印机都接受 PSD 格式文件，但有些更倾向于 TIFF 图像。TIFF 图像在印刷行业应用广泛，因为这类图像未经压缩，所有专业打印软件都可以打开 TIFF 图像。

★ ACA 考试目标 5.1

7.1.5 创建用于其他应用程序的图像

创建要在其他 Adobe 应用程序中使用的图像时，一般情况下，最好的做法是将图像存储为分层的 PSD 文件。因为大多数其他 Adobe 应用程序都可以使用这些图层，甚至在设计需要时可以编辑图层是否可见。你可以利用这些做法，以便他人使用你的文件。

7.1.6 图层管理

正确命名图层，并从图层建立组有助于使用文件的其他设计人员了解其构成。即使你是唯一使用该文件的人，这个做法也很有用——以后打开文件时，你可能很难记得你做过什么以及如何创建的文件。

7.1.7 存储文本图层

Illustrator 和 InDesign 都有高效的工具来管理和设置文本格式——比 Photoshop 的内置文本编辑器更实用。设计要在 Illustrator 或 InDesign 中使用的图像时，最好的做法是存储文本图层。输入文本后，不要进行栅格化处理，这样在将文本输入外部应用程序时，仍可以使用其他工具对其进行操作。

7.1.8 交流

刚开始与其他设计师或团队合作时，最好询问有关工作流程以及如何更好地创建项目所需图像的问题，了解他们的具体要求。如果你有不清楚的地方，请随时说明。良好的沟通可以解决许多设计方面的问题。你在从事新项目或与新团队合作时，可以要求其进行说明或阐述。在第 10 章中，你会学到更多项目管理和团队合作方面的知识，你还会学到如何在项目中成为高效的团队成员。

7.2 进入下一阶段

我们已经介绍了初学 Photoshop 所需的所有知识。但是要在行业中取得成功，需要的不仅是软件技术方面的知识。在接下来的 3 章里，你会学习到如何更具创意，如何在设计环境中高效地工作，以及在设计行业的不同领域工作时可能会听到的一些内部术语。从各方面看来，接下来的 3 章是设计行业里的重中之重。学习如何使用 Photoshop 和成为 Photoshop 专业人士是两回事——前 7 章向你介绍了如何使用 Photoshop，接下来的 3 章会引导你开始思考并帮助你逐渐成为 Photoshop 专业人士。

本章目标

学习目标

- 了解 Photoshop 相关行业的趋势和标准。
- 了解与数字成像和摄影有关的术语。
- 了解 Web 发布相关行业的趋势和标准。
- 了解商业印刷相关行业的趋势和标准。

ACA 考试目标

- 考试范围 1.0

  在设计行业工作 1.2 和 1.4
- 考试范围 5.0

  发布数字图像 5.2

第 8 章

与同行合作

当你从事与设计相关的工作时，你会在工作中听到很多术语——这些行业特定术语是你必须要了解的。这一章将向你介绍一些你会用到的行业特定术语，其中有一些可能已经在前面的章节中介绍过了，但这一章的目的是为你提供一个便捷的“备忘单”。每当你想要将“设计者的口语”翻译成自己的语言时，你就会用到它。

大多数行业都具有自己的专业知识，以及与这些知识相关的行话。由于 Photoshop 在视觉设计的很多领域被广泛使用，因此在设计项目中，你会碰到很多专业术语。不要因此而沮丧——当你不明白作为一个设计师到底需要什么时，你可以自然地提出问题。

8.1　内部术语

★ ACA 考试目标 1.4

每个行业都有特定的行话，这些行业内的专业领域也有自己的行话。Photoshop 在打印、摄影、胶片、3D、游戏设计等行业中被广泛应用。在这些行业中，很少有哪一个应用程序像 Photoshop 这样深得人心，同时对工作流程又起着至关重要的作用。

8.1.1　数字图像的关键术语

本节涵盖了与数字图像相关的所有常用术语，常用于印刷、网页和视频中。

位图：由像素网格组成的图像，每个像素都分配有一种颜色；在某些文件格式（PNG 和 GIF）中，还分配了透明度值。

dpi：代表图像每英寸长度内的像素点数，指打印时图像的分辨率。

路径：通常与矢量图有关，是由矢量创建的用于定义形状或线条的特定路径。从技术上讲，路径没有尺寸，因此必须通过添加笔触来使其可见。

像素：组成栅格图像的单个点。像素是“图像元素”的缩写。

ppi：代表每英寸所拥有的像素数量，通常用于指代光栅图像的屏幕分辨率。

光栅：最初描述的是由使用阴极射线管的显示器上的扫描线所创建的图像，但现在基本是位图的同义词。

栅格化：将另一种类型的图像转换为光栅（位图）图像。

渲染：将非光栅图像或效果转换为光栅图像。

分辨率：单位空间中所包含的像素点数，以像素 / 英寸或总像素（例如 1920 像素 ×1080 像素）为单位。

笔触：路径的视觉表示。

透明度：用百分数表示，指图像的不可见区域。导出文件时，仅某些特定的文件格式（常见的是 GIF 和 PNG）支持透明度。

矢量：由直线和曲线连接起来的一系列点，这些点由数学公式确定。由这些点构建的矢量图像不受分辨率影响，这意味着它们可以无限缩放而不会损坏图像质量。

8.1.2 摄影的关键术语

Photoshop 与摄影紧密结合。摄影有它自己的艺术形式，在这个行业，你少不了要与摄影师打交道。因此，要想在这个领域取得成功，学习一些摄影的术语是必不可少的。

曝光过度：因过度曝光导致在最亮（纯白色）的区域中没有细节。

失焦：由镜头和光圈造成的对焦不准，特别是指光线失焦时造成的图像模糊。

裁剪传感器：用来描述传感器小于 35 毫米标准的相机，这些相机具有标准镜头的放大效果。

景深：图像中主体对象的焦平面深度（图 8.1）。浅景深将只显示对焦对象的一小部分，而深景深将显示对焦的整幅图像。

补光灯：在照片中主体较暗侧使用的光，可以使主体看起来更具立体感。

颗粒：类似胶片摄影的噪点。

高调：画面中暗像素很少，图像呈现明亮效果。这可能是一种理想的艺术效果。

低调：画面中亮像素很少，图像非常黑暗和“情绪化”。对某些图像来说，这可能是一种理想的艺术效果。

百万像素：设备可以捕获的像素数（百万）。在图像传感器类似的情况下，百万像素的设备可以拍摄出更多的图像细节。

噪点：用于描述弱光环境下拍摄的图像画面的点状外观，它一般是由相机内部的传感器引发的。

变焦：相机镜头的一项功能，它可以放大相机传感器上的图像元素——数码变焦可以模拟这种效果。

图 8.1　浅景深的焦点区域很浅

8.2　与数字图像相关的行业

★ ACA 考试目标 1.2

★ ACA 考试目标 5.2

每个行业都有自己对数字图像的需求和标准。有关这方面的一些信息散布在各节课程中，但是我想在这里汇总一些特定行业的特定图像信息。请记住，即便在同一行业内，不同地区的习惯用语也可能略有不同。

请记住，最重要的是如果你不了解某些内容，则你需要准备随时大胆提问。有时，通过别人选择的用来描述事物的术语，你甚至可以了解到有关该行业的新知识。你会慢慢能够识别谁在研究印刷方向、谁在研究数字方向。

请记住，我并不是要在这里创建一个行业参考手册，只是希望你能够了解一些人们广泛接受和理解的术语，即使某一个术语可能只在某个特定的地区使用。

8.2.1 用于印刷的图像

印刷行业具有创建图像的特定方法和特定流程。当我们讨论印刷行业时，我们指的是在胶印机上通过 CMYK 四色彩印机创建图像。我们无须深入研究这些创建图像的技术细节，但你应该知道，与所有其他行业相比，印刷行业通常需要更大的图像。你可以从打印机处获取打印规格。

文件格式

TIFF 是印刷业常用的一种格式。这是一种高质量、无损的文件格式。

如果你的团队也在使用 Adobe 工具或软件，那么你最好能提供原始的 Photoshop（PSD）文件。如前所述，这些文件可以作为智能对象或链接文件放置到其他 Adobe 应用程序中，并且可以分别对图像中的图层和元素进行操作。Adobe InDesign 是世界上流行的页面布局和设计应用程序，你会发现，在印刷行业中，需要经常创建放置在 InDesign 中的文件。

图 8.2 商业印刷机上的每一个印版都有一种颜色，这样就可以印出全彩图像

图像分辨率

若要用于打印，图像的分辨率通常会设置为 300 像素 / 英寸。这是胶印的标准分辨率，在处理印刷品时，分辨率至关重要。

色彩模式

彩色印刷的标准色彩模式是 CMYK。胶印机上有 4 个印版，它们可以分别将每种颜色印在纸上（图 8.2）。

8.2.2 用于网页的图像

在网络行业工作是件非常有趣的事情。随着新兴技术的发展和行业标准的不断变化，当你在实施项目时，可能难以跟上最新的潮流和内容

（图 8.3），这使网络行业的工作具有很高的挑战性。但每年都有新的工作方式产生，这种挑战有时令人兴奋。

★ ACA 考试目标 5.2

图 8.3 不同大小的屏幕会以不同的方式显示网页，因此通常需要为同一个图像制作尺寸不同的多个版本

文件格式

网页上常见的图像文件格式是 JPEG、PNG 和 GIF。每种格式都有自己的优点和缺点，这些我们在前面的课程中已经简单地讨论过了，但是我还是想在这里加以总结，并为每种文件格式添加行业特定的注意事项。

- JPEG 是网站上最常见的图像文件格式。它是联合图像专家组英文名称的缩写。顾名思义，它是图像的绝佳格式。它是一种有损文件格式，这意味着为了创建更小的文件，会丢弃肉眼不易识别的信息。JPEG 非常适合照片和纹理，但它会在纯色区域创建“伪像”。因此，纯色区域强烈的图形图像不适合使用格式。
- PNG 是一种相对较新的图像文件格式，它非常灵活。最初，人们认为 GIF 格式可能会受限，因此便创建 PNG 格式来替换 GIF 格式。PNG 文件可以用于存储照片的 24 位图像，也可以用于存储徽标、文本和图形的 8 位图像。PNG 文件可以设置透明度，从而创建一个真正的 Alpha 透明度通道。这意味着图像可以包含仅部分透明的像素，产生逼真的透明效果。

- GIF 是最适合用于徽标、文本和简单图形的索引（有限）彩色图像文件格式。它在网页上曾经大受欢迎，但现在，在许多情况下，它已被 PNG 格式取代了。由于 GIF 文件可以包含多个用作动画的帧，最近它又再次受到广泛的欢迎。这种文件非常小，但是它们不能很好地重现照片图像或超过 256 色的图像。

图像分辨率

根据一个流行的说法：网站上的图像应始终以 72dpi 的分辨率创建。事实是，dpi 对网站发布的图像的显示方式没有影响。图像以像素为单位在线显示，屏幕的分辨率将决定每英寸显示多少像素，而不是图像 dpi。900 像素宽的图像在任何标准屏幕上都占用 900 像素，分辨率是 300dpi 还是 72dpi 不会产生影响。

人们通常会误以为网络图像应该始终以 72dpi 的分辨率创建，并且许多人认为这是最佳的做法。如果客户或雇主要求你按照这个分辨率创建网页中的所有图像，你就这么做吧。这已经成为一个人们广泛接受的观点，即使在屏幕上证明了这么做是毫无意义的，一些业内人士仍会争论这一点。

作为 Photoshop 专业人士，对你来说最重要的一点是，对于网页而言，你要始终根据像素分辨率要求（1024 像素 ×768 像素）来创建图像，而不是使用标尺尺寸和以点 / 英寸或像素 / 英寸为单位的分辨率（300dpi 时为 4 英寸 ×6 英寸）来创建。

色彩模式

不管文件格式是什么，网络图像应始终用 RGB 色彩模式创建。

★ ACA 考试目标 5.2

8.2.3 用于视频的图像

除了文件格式、图像分辨率和色彩模式之外，制作视频时你还需要了解一组叫作“动作安全区”和“标题安全区”的概念（图 8.4）。你可能会猜到，可以放心地将动作（或图像中重要的部分）放置在这些区域中。

图 8.4 不同的屏幕尺寸对图像的缩放比例要求不同，因此你常常需要为不同的显示器创建多个版本的图像

这些区域存在的原因是不同电视能够显示的像素数量不同。与过去的 CRT 屏幕相比，这对于今天的 LCD 屏幕来说并不是个大问题，但是标准的做法是确保你的标题和视觉元素落在这两个区域内。

文件格式

当你创建要插入视频中的图像时，通常会使用与网页相同的文件格式。如果你的视频团队正在用 Adobe Premiere Pro 工作，那么最好将图像另存为 PSD 文件。

- 为视频制作标题幻灯片时，通常会使用分辨率与最终视频相似的 JPEG 文件。就插入视频中的图像而言，这应该是最流行的格式。因为该文件格式是通用的，图像也很小。
- 当创建需要透明的图像时，GIF 和 PNG 文件很流行。正如前面所讨论的，PNG 是一种非常灵活的格式，并且使用越来越广泛。PNG 格式的图像用在视频上时特别好用。这些图像可以在视频上叠加显示。这种图像经常出现在新闻和体育节目中，用来显示统计数据或头条新闻。

Adobe Premiere Pro 是一个流行的视频编辑软件，Adobe After Effects

则是在视频中创建特殊效果的行业标准软件。这两个应用程序都可以打开 Photoshop 文档，因此请务必保存好你的 PSD 文件。

色彩模式

制作视频时，你需要用 RGB 色彩模式创建图像。

8.3 小结

Photoshop 在印刷、网络和视频以外的行业中占有重要地位。Photoshop 在游戏行业中也很受欢迎，它可以用于创建纹理。对于一些特殊应用（如标牌）的文件格式和其他要求，Photoshop 可以轻松应对。

在与特定行业的内部人士合作时，请保持开放的心态，并努力学习如何更好地为这些客户服务。作为使用 Photoshop 的设计师，你不需要在每个行业都成为专家，但确实需要敞开心扉，终身学习。只有这样，你才能够在其他使用 Photoshop 的设计师不敢涉足的领域中打开机会之门。任何行业都在不断发展，你需要准备好随时迎接变化。敞开胸怀，乐于学习新事物，这比试图掌握某一行业内所有的知识都更有帮助。在大多数与 Photoshop 相关的行业中，一切事情都在飞速变化，你永远都不可能成为专家。

作为一名使用 Photoshop 的设计师，你最重要的技能就是学会适应变化，学会享受这样一个事实：事情总是在变化的。正因如此，你也总有机会去了解电影、网页和印刷材料是如何产生的。

本章目标

学习目标

- 锻炼你的创造力。
- 为设计做好思想准备。
- 运用设计的层次结构。
- 发现艺术元素。
- 了解形状元素。
- 学习色彩的运用。
- 探索版面设计。
- 了解设计原则。

ACA 考试目标

- 考试范围 1.0

  在设计行业工作 1.5、1.5a、1.5b 和 1.5c

第 9 章

提高设计水平

现在你已经掌握了 Photoshop 中工具的使用方法，接下来你将学习如何灵活应用这些工具。理解一个工具的工作原理和熟练运用它是两种完全不同的概念。在很多方面，理解和掌握是你对学习过的工具的两种截然不同的思考。

以木匠为例，他们最初是学习使用锯子、锤子和钻头等工具，也会学习如何使用以及何时运用特定的技巧。例如，顺着或者逆着纹路截断木头，并在接合处进行连接。理论上而言，木匠可以通过使用正确的技巧建造任何东西。

现阶段，进一步提升技能的唯一方法就是实践和思考。通过思考，艺术家才能够创作出精妙绝伦、新颖奇特、独一无二的工艺品。这一阶段的美妙之处就在于，它是你成为一名艺术家的开始。熟练使用所有工具不仅要知道它们的工作原理以及用途，更要知道何时使用，以及运用什么样的技巧能够有所创新。

9.1 创造力是一种技能

★ ACA 考试目标 1.5

我们在本书第 1 章讨论了创造力，在此，我想再谈一谈创造力。

也许图 9.1 从统计学角度来说不够精确，我的方法也不科学，但它是真实的。创造力是一种技能，你可以通过学习获得，也可以通过练习提升。唯一让你今后不会再比现在更具创造力的方法是放弃。

一些人在创造方面遇到的最大问题就是他们轻易放弃，一些人甚至在迈出第一步前就放弃了，另一些人在第五次尝试或者花了 15 分钟却没有创造出一件杰作后放弃了。要知道，没有人能够花 15 分钟就创造出一件杰作。成功的艺术家和失败的艺术家之间的一大区别就是，成功的艺术家不断尝试、失败、调整、再次尝试。下一次的尝试也许依然失败，但成功的艺术家不会放弃，他们不会因为遇到困难而退缩，因为困难是学习和创造的一部分。

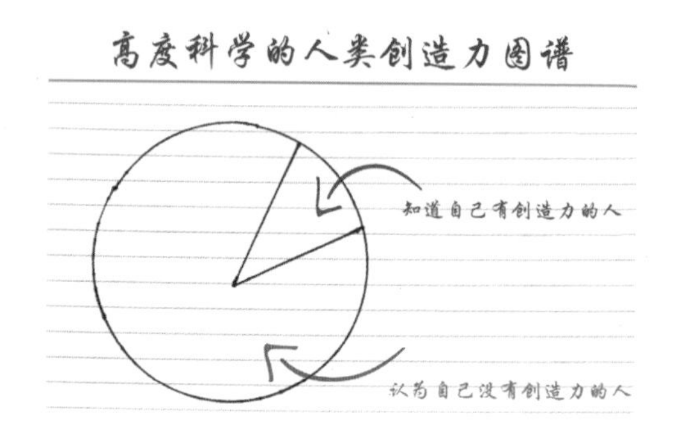

图 9.1 人类的创造力

当然，在你开始练习和扩展你的创造技能前，你不知道自己能走多远。但如果你从不使用它们，你的技能将会越来越差。记住，每一次努力、每一次新的尝试、每一次犯错都会让你有所收获。

9.1.1 创造力热身

本章是提升你的创造力以及练习你的创造力，是作为一名视觉设计师，如何将技能转变为天然的能力。即使你获得了 ACA 证书，你也需要知道，通过考试只是开始。你还有许多工作要做，这是一个有趣又有意义的过程。

本书会引导你进行一些练习，帮助你探索并强化已经学到的技能。在创造力和设计的基础层面更进一步就是以你从未尝试过的方法运用你现有的技能，这就是创造力。

9.1.2 做好思想准备

做好思想准备是提升创造力最重要的环节。对大多数人来说，这也是最困难的环节，因为当下的文化太过注重快速成功和效率，所以人们害怕失败，但失败恰恰是创造力的本质。

失败，更确切地说是从失败中吸取经验和教训的能力是锻造艺术综合能力的要素。如果你是一个对自己当前能力不太满意的初学者，则这一说法更为适用。正视你在设计领域只是一个蹒跚学步的孩子这一事实，并像孩子一样开始行动吧。

艺术领域没有失败者，只有放弃者。尝试，失败，再次尝试，再次失败。你总会迈出第一步，也许你很快又在第二步失败，但不要放弃。小孩子是不知道自己失败了的，他们只知道离成功又进了一步。“失败乃成功之母”，这一点小孩子知道，每一个真正的艺术家知道，作为学习者的我们更需要铭记在心。

9.2 设计的层次结构

★ ACA 考试目标 1.5a

大多数人在看到艺术时都能识别出，但对于如何创造艺术，人们各执一词。为了能够产生一个艺术框架，艺术家们列出了艺术元素，艺术的组成部分、设计原则、重要规则或者组合说明。尽管每一位艺术家都明白艺术元素和原则的重要性，但目前并没有艺术家们都认可的艺术元素和原则的“官方的”清单。这实在令人沮丧。那么你该如何研究和学习一种没有人能够完全定义的东西呢？

值得庆幸的是，没有“官方的”清单就说明我们不可能犯错。雕刻家和画家以不同的方式看待和对待艺术；电影制作人和服装设计师在艺术的领域各行其道，但所有这些艺术家都在学习和接受引导着他们的艺术的元素和原则。

9.2.1 运用设计的层次结构

★ ACA 考试目标 1.5c

图 9.2 所示的设计层次结构是理解和思考艺术的元素与原则的一种方式。但这并不是理解和运用艺术的元素与原则的最终方法。它更多的是一个系统的起点，可以帮助你聚焦设计技巧。

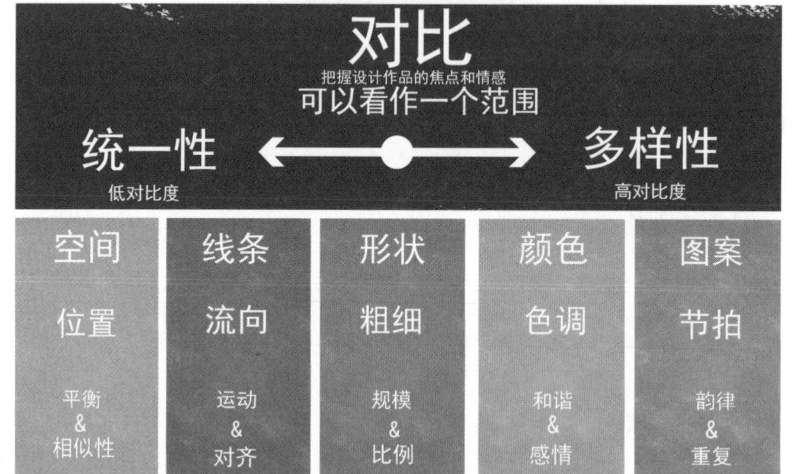

图 9.2 设计的层次结构

与艺术不同，设计通常有一个目的。它通常是关于创造或者完成某种特定的东西的，而不是简单地享受或探索一种艺术的冲动。一项设计任务可能需要你宣传一个产品、传达一种想法、促进一项事业或者解决一个特定问题。从设计的角度来思考艺术的元素和原则要容易得多，当模糊的艺术元素和原则让你困惑不已时，你可以把一项设计任务作为一个框架来帮助你进行创造力探索。

当你对一件作品感到不满意却又不明原因时，可以仔细思考设计中的要素，这是一种很好的锻炼。有的时候，在脑海里想一想以下要素和原则，你可能会获得很棒的创意。

从焦点开始

焦点就是你的设计主题。在广告中，能够激励消费者的是你的“行动号召”，是你所要传达清楚的首要信息。在视觉设计中，它可以是引领元素，也可以是主要的交互元素。它就像一本书或者一节课的标题，是你想让人们理解的最重要的信息，也是你的设计作品的

“卖点”。

焦点应该是该项设计中最令人难忘的部分。在对称或放射状的设计中，你应该把焦点放在最突出的位置；在不对称的设计中，你应该自然地放置焦点，这一点你将很快在学习空间时了解到。

关键问题：人们知道在设计中应该看哪里吗？

通过对比创造焦点

要想在图像中制造“突出点”，可以通过对比创造焦点（图 9.3）来实现。把一个红色的高尔夫球放在 10 000 个白色高尔夫球里，你会立刻发现它。创造对比最引人注目的方式就是改变设计元素中最普遍的特征。如果你有许多大小相同的彩色圆圈，改变其中一个的大小，不论它的颜色如何，都会让它更加引人注意；保持大小不变，将其中一个变为星形，也会产生同样引人注目的效果。

图 9.3 通过对比创造焦点：让其中一个物体不同，便会让它脱颖而出

保持设计的统一性对于制造焦点至关重要。没有一定程度的统一就无法创造出一个焦点，人们也很难看到核心所在。设计就是把焦点置于你想放置的地方。如果你的设计中有太多不同的、不相关的元素，则你的画面就会显得混乱，观众也不知道该看哪里。

关键问题：我的设计是否具有足够的对比来让观众清楚地看到重要的特征？

从统一性到多样性

想象一下，对比可以看作图像的“突出点”，对比度的范围从低对比度（我们称之为统一性）到高对比度（我们称之为多样性）。对比度很低

图 9.4 在图像中保持对比度偏向统一性的一边，除非你想要突出某些特点

的画面会显得和谐，人们看到这些作品时通常感觉平和、冷静，但有时候也会感到无聊、冷淡、死气沉沉（图 9.4）。对比度较高的作品画面有众多突出点，人们看到这些作品时通常感觉充满活力、生机勃勃，但有时候也会让人感到不可预测或情绪化。

9.2.2 框架要点与联系

以下框架将艺术元素和原则联系起来，以在你的创作之旅开始之际为你提供帮助。使用它们是你创作的良好起点。记住，在任何设计中，你并不是去定义艺术元素和原则，而是接受它们、运用它们。每一次对艺术元素和原则的学习之旅都没有终点，你只是踏上了一段旅程。这些联系会有助于你理解艺术的元素和原则，并在足够长的时间内，帮助你形成自己的理解且运用它们。

通过作品中的元素创造平衡和相似性

焦点产生于作品的不同区域之间，所以可以通过对称和等间距来实现设计的统一性，或者通过不对称和分组元素来实现设计的多样性。

关键问题：我的设计是否运用了空间来反映设计中的关系？

通过按行排列元素创造动感和设置对齐方式

焦点是根据构图的方向或流向而产生的，所以可以严格按照直线型或流线型来对齐或移动设计元素，从而使设计和谐统一；或与之相反，通过任意、不规律的移动来改变设计。

关键问题：我的设计是否是按行来传达顺序和连贯性的？

构图中设计形状、构建比例

焦点通过构图元素的大小体现，所以可以用相似的或同类型的元素来使设计统一，或让大小不一的元素相混合来使设计多样。记住，一个段落有一个形状，一组元素也有一个形状。你应兼顾设计中的区域和对象。

关键问题：我的设计是否考虑了创造形状的大小所传达的信息？

通过作品的排版、颜色和字体来创造主题和情感

焦点由不同类型、不同用途和不同颜色的元素体现，所以可以用同

一系列的类型、颜色和字体使设计统一，用冲突的颜色或差别巨大的字体和类型使设计多样。

关键问题：我的设计是否考虑了排版、颜色和字体所传达的信息？

通过重复和韵律创造作品的图案和纹理

焦点由不同图案和纹理的元素体现，所以可以通过简单的重复创造可预测的图案和纹理来使设计统一，用复杂的、不规律的或者混乱的图案和纹理呈现多样性。

关键问题：我的设计是否考虑了创造的图案和纹理所传达的信息？

9.2.3　小结

如果你熟悉基本的艺术元素和原则，则上述层次结构可能是你会用到的框架，但艺术的目标是不断探索其中的要素和原则。下一节将详细介绍这些层次结构，并设计了配套的具有挑战性的训练帮助你深入学习。

9.3　设计元素

★ ACA 考试目标 1.5a

设计元素（图 9.5）是创意工作的基石。设计元素包括空间、线条、形状、形态、纹理、明暗、色彩和字体。一些传统艺术家把字体排除在外，但对于平面设计者来说，字体是我们看待一个设计作品的重要方面。除此之外，字体还是一个很有趣的元素。

9.3.1　空间元素

★ ACA 考试目标 1.5c

空间是需要考虑的第一个设计元素（图 9.6）。空间元素也是容易被滥用、忽视、遗漏以及低估的设计元素之一。你可以通过多种方式来研究、考虑空间布局。

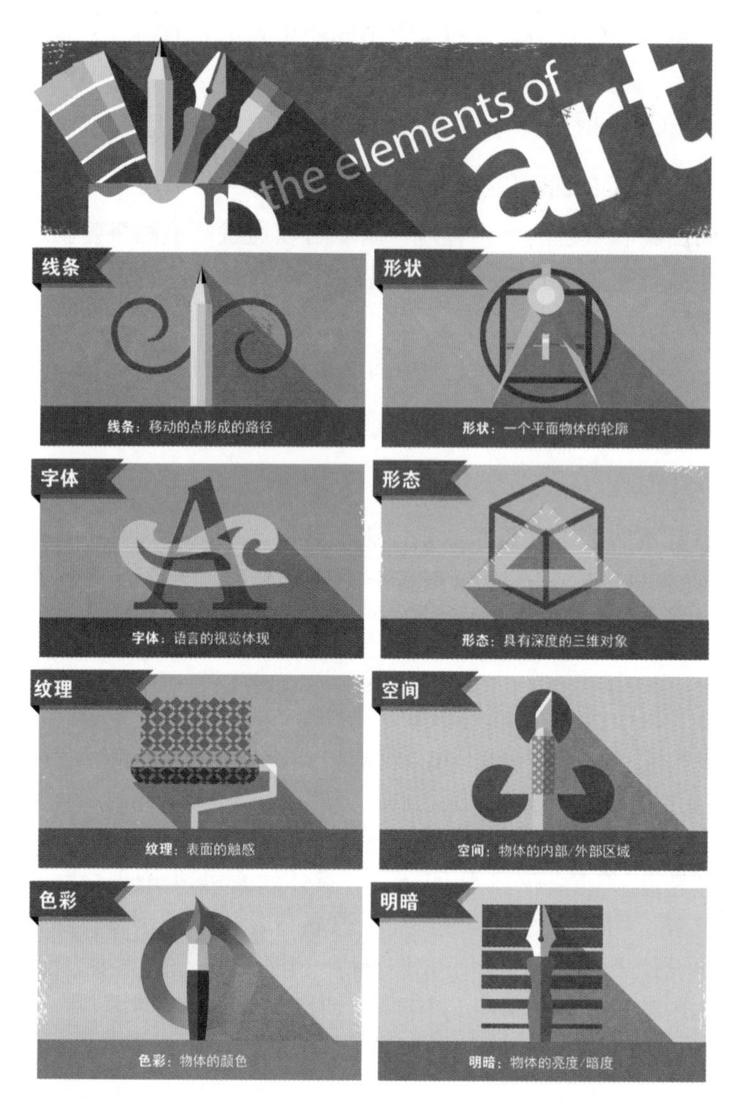

图 9.5 设计元素是艺术和设计的基石

图 9.6 空间元素

把空间看作你的画布

看待空间最基本的方式就是把它当作你的画布。在 Photoshop 里，通过新建文件夹来确定空间的维度，建立空间。有的时候，维度是已经给定的，如当你设计一个特定物体的大小或者屏幕分辨率时；但有的时候，你可以自定义特别的空间，让你的作品更有趣。

升级挑战：空间里的一枚硬币

下面是一个趣味挑战。

1．找一张白纸，在上面放一枚硬币。不要任意放置，要设计出它的位置。

2．看着白纸和硬币，体会它们创造出的“感觉”。

3．随意折叠这张纸（除了对折），这样你就有了不同形状的空间，然后重复这个过程。

现在你能明白，完全相同的内容，改变其空间的大小和维度就能轻易改变艺术作品给人们带来的“感觉”了吗？

你是否想过把纸折成除四边形以外的形状？因为并不是所有的空间都有 90 度的角。跳出思维的局限！

把空间当作创意工具

另一种看待空间的重要方式就是将其视为设计要素（图 9.7）。不善于处理空间关系是初学者的典型特征。处理好空间关系需要实践，也需要练习。学着把空间看作创意元素，你会发现你的设计的艺术感将大大提升。处理得当，空间将给你的设计带来以下优点。

图 9.7 通过空间来合理布置设计中的元素

- 突出重点或焦点：在一个对象周围留出一定空间，就相当于对其进行强调。拥挤的布局将弱化重点。
- 制造感觉：空间能够制造孤独、寂寞或隐秘感，也能制造严肃或庄重感。
- 创造视觉留白：有的时候，空间只是简单地为视觉创造“呼吸空间”，这样设计中的其他元素的意义才能充分体现。

提示

使用 Photoshop 的图层蒙版是练习空间布局的一个好方法。你可以通过绘制或选区来创建蒙版，为你的图像设计形状。

提示

初学者容易把所有元素都看作重点，这会使画面没有活力，让人觉得乏味。三分之一构图法的原则是不要把所有元素都看作重点。你会发现，根据三分之一构图法，你会自然而然地将要素移动到焦点上。

三分之一构图法规则

三分之一构图法（图 9.8）在摄影和摄像中经常使用，它也同样适用于所有的视觉艺术。为了将其视觉化，你可以把三分之一构图法当作是设计作品上的格子板，两条横线和两条竖线将你的设计划分为 9 个等大的格子。其最基本的规则就是，将设计的主要元素放置在分割线上，需要突出强调的区域置于交叉点处。在设计中使用这条规则能够加强视觉效果，突出亮点。

图 9.8 采用三分之一构图法来确定主要元素的位置，使得布局更具吸引力

负空间

在设计行业中，人们常用负空间或者留白来指作品中的空白区域（即使你的背景板有颜色）。负空间（图 9.9）是我喜欢的创意性空间元素布置方法之一，尝试用负空间来设计新颖的标志或作品是很有意思的。

图 9.9 负空间并不是浪费，它十分有用

有的时候，一个普通的想法通过负空间的体现就能产生新创意。对初学者来说，“看到”负空间可能会比较困难，但经过学习，他们就能将负空间运用到不同的创意中。使用负空间会让你的设计技巧更上一层楼，艺术元素变得更易理解，因为你可以将负空间具体化，但一般倾向于将空间看作空缺或是“空白”。你应学习空间布置，因为善于空间布置是经验丰富、天资聪颖的艺术家的标志。

注意

大多数情况下负空间和留白是可以互换的。但如果你不清楚别人的要求，则一定要先弄清楚要求。艺术和设计并不是完全技巧性的、正确的、成体系的过程，所以你要习惯许多“模糊的”术语，因为它们在不同的语境中有不同的意思。

升级挑战：绘制负空间

这个简单的练习将有助于你看到负空间并学习如何创造负空间。

在桌上放一把椅子，画出你所看到的除了椅子以外的所有东西。不用担心你的画面会很凌乱，因为这无关你的艺术技巧，这是学习如何“看到”负空间——不看物体本身，只看它们周围的空间。完成后，你会看到画面上有一个椅子形状的洞。你会发现，空白的地方最具视觉冲击力。空间的效果很强大！

9.3.2 线条元素

线条的意思很简单。尽管线条的术语定义是一个点在空间里的运动轨迹，但我们都知道什么是线条。线条就是一个有起点和终点的标记（图 9.10）。不要把基本概念复杂化。在深入学习线条之前，我们先得理解它的基本定义。

图 9.10 线条元素

升级挑战：绘制不同类型的线条

你能画出多少种线条？你将在本章后半部分学到多种多样的线条。但首先，我们先看看你能画出多少种不同的线条。

下面是一些基本思路。

- Level I：短的、长的、直的、波浪形的、锯齿形的、几何形的、有机形的。
- Level II：悲伤的、生气的、孤独的、担心的、激动的、狂喜的。
- Level III：反对、对比、无限。

尽可能多地画出不同种类的线条，每一种都用一个词来描述。艺术没有正确答案。

记住，你只是在画线，而不是画画。所以如果要表示悲伤，则不要画一个倒着的“u”，而要画一条本身就表示悲伤的线条。这对你来说有一些挑战，因为你要从描述性转向抽象性，但这正是练习的目的。有经验的艺术家会将感情和观念藏在作品里。加油！

线条概述

以下特征通常与线条相关，你采用或者绘制线条的方式能够决定这些线条在你的作品中所表现的意义。

- 方向（图 9.11）：线条的方向在作品里代表着特定的情感和潜意识信息。横线表现出平静和平衡；竖线表现出力量和高度；斜线通常表现出增长或是下降，也代表着运动和变化。

技巧

总是分不清横线和竖线？横线（像地平线一样是水平的）就是字母 H 里的那条小短线。竖线（Vertical）的英文以字母 V 开头，V 是一个向下的箭头。

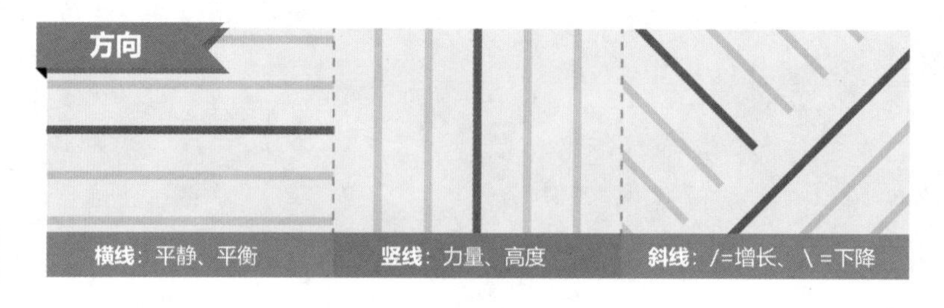

图 9.11 线条方向能够传达出作品里的情感

- 粗细（图 9.12）：线条粗细体现它的厚度。粗线通常体现重要性和力量，让人感觉更阳刚；细线通常体现优雅轻柔，往往代表女性气质。

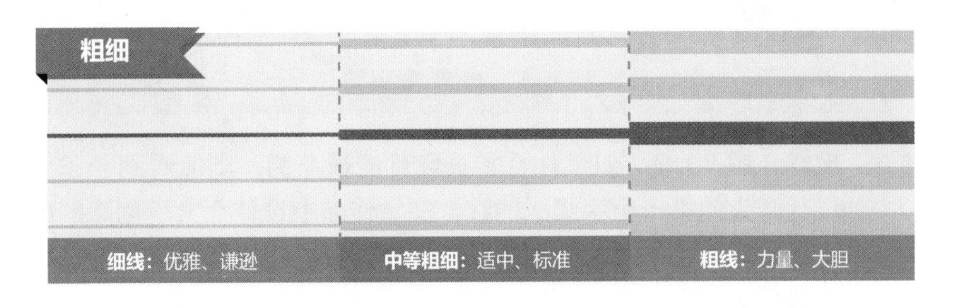

图 9.12 线条的粗细同样能够传达出作品里的不同情感或观点

- 样式（图 9.13）：不同样式的线条会产生不同的效果，如双实线和虚线。不同宽度的线条有助于表现流畅和优雅。手绘线条看上去就像是用画笔、木炭或粉笔等传统工具绘制出来的。虚线实际上是不存在的线条，例如点或者破折号构成的线，或者我们在商店排队结账时设立的线。虚线对设计者来说十分有用，当单一物体对齐时会产生虚线，此时它们给人的感觉是统一的或是组合在一起的。

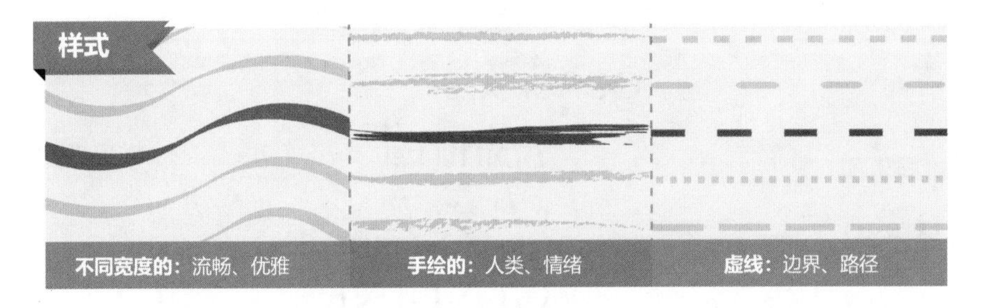

图 9.13 线条样式是表达情感的最常用方式

- 流线（图 9.14）：我们用这个词来描述这一类能够体现能量的线条和形状。几何线通常是笔直的，并且有锐角，给人以刻意之感。作品中的几何线条能够体现强度、力量和精度。曲线展现流畅、美丽和优雅。有机线通常是不规则的、不完美的，它常见于自然界或是任意的过程。有机线代表自然、运动和优雅。混乱的线条看上去像乱涂乱画的结果，给人以不可预测和疯狂之感，传达出急迫感、恐惧感和爆发性力量。

图 9.14 流线可以传递力量

- 虚线（图 9.15）：如果你看本页段落的最左侧，则能看到一条由每行开头的第一个字组成的线。注意作品中设计元素所创造的虚线。用有创意的方式布置线条，还要注意这些线条传达了什么样的信息。

让这些线条所传达的信息与你作品的寓意相一致。虚线与负空间相似，学习它们的使用方式将大大有助于你设计技巧的提升（图 9.15）。

图 9.15 文字排版肖像是虚线使用的典范。注意你是如何“看到”人脸的，尽管这些只是特意排列的文本

9.3.3 形状元素

形状（图 9.16）可被定义为一个封闭空间或者一个轮廓。

图 9.16 形状元素

我们熟悉的形状有圆形、正方形、三角形，但形状远不止这些。这些只是几何图形，还有手绘的形状或者云朵（图 9.17）。我们通常用与描述线条相同的术语来描述不同的形状。

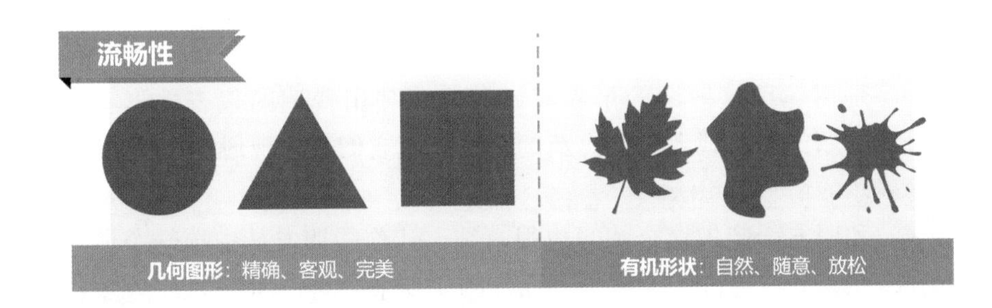

图 9.17 注意你采用的形状所传递的情感

代表性形状

象形图案是一种图形符号，代表着真实世界的某物（图 9.18）。计算机图标就是一种象形图案，象征着自己的功能（如表示删除文件的垃圾筐图标）。其他象形图案的例子还有用人的形体轮廓代表男洗手间和女洗手间。它们并非真实物体的精确表现形式，但它们的意义十分清晰。表意文字（或者表意符号）代表着一种概念。心形代表爱，闪电符号代表惊讶，问号代表困惑。代表性形状十分有助于跨越语言障碍进行交流，也十分有助于将你的设计呈现给不同文化、不同语言的观众。

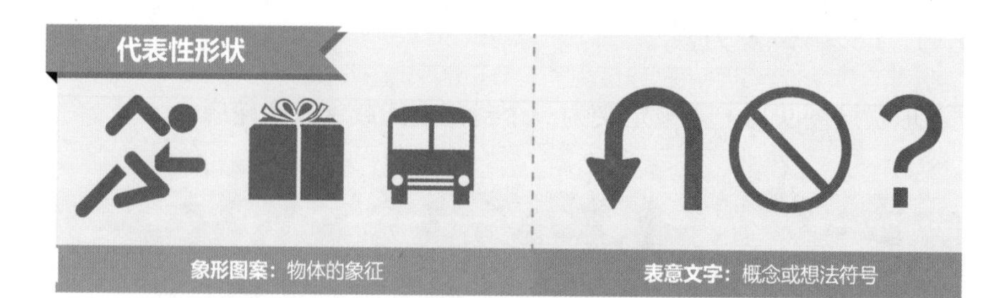

图 9.18 代表性形状

升级挑战：创造形状

这个挑战是为了让你练习创造形状。以下是与线条训练相同的思路提示。

- Level I：短的、长的、直的、波浪形的、锯齿形的、几何形的、有机形的。
- Level II：悲伤的、生气的、孤独的、担心的、激动的、狂喜的。
- Level III：反对、对比、无限。

画出体现这些词的形状，试着避免使用普遍的代表性形状。画一些新的图形或者创造出新的图形，用它们来体现通常不用图形表示的情感和想法。

和朋友一起做这个练习也很有趣。让你的朋友从中选一个词，你来画，或者你画一个图形，让你的朋友来描绘。你将学到人们理解和表达想法的各种各样的方式。记住，没有正确答案。尽管尝试，玩得开心。

9.3.4 形态元素

形态（图 9.19）描绘三维物体，或者看起来是三维的物体。圆形、正方形和三角形是形状，而球体、立方体和锥体是形态。和形状一样，形态也能基本分为几何体和有机体。立方体等几何体很常见。我们熟悉的有机体有人体形态和花生形态等。当你运用到三维物体时，这些形态称为“实体”。

图 9.19　形态元素

3D 空间的光线

在艺术和设计中，我们会特别关注让 2D 艺术作品中的图像呈现为 3D 效果的技巧。当你想要创造出深度和形态时，需要考虑一些标准要素。图 9.20 展示了绘制 3D 物体的标准要素。

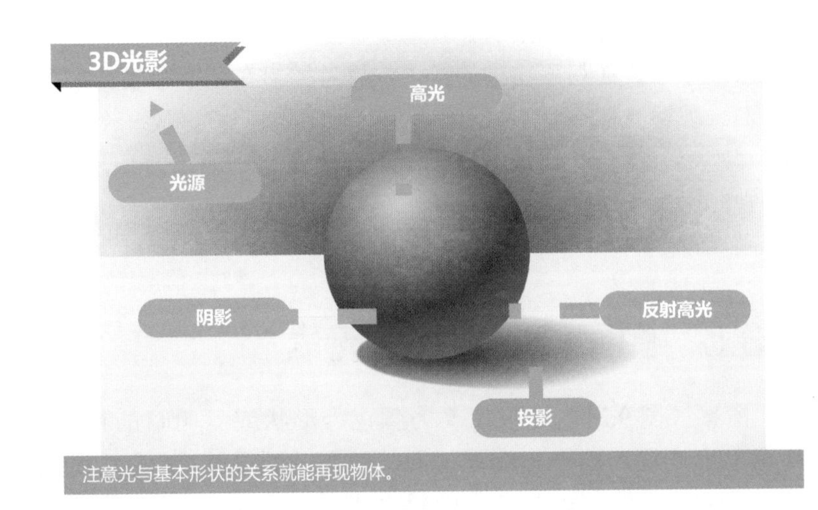

图 9.20　3D 设计要素

- 高光：正对光源的区域，亮度最高。
- 阴影：背光的区域，亮度最低。
- 投影：物体的影子投射在地上以及其他物体上形成的投影。记住，阴影离投射阴影的物体越来越远时，会逐渐消失。在创造作品中的阴影效果时，一定要记住这一点。
- 光源：虚构的与物体有关的光源。
- 反射高光：由地面或场景中其他对象反射的光线照亮的区域。这是创作 3D 物体时最容易忽略的一个要素，但它能够为物体提供较为真实的光照。

升级挑战：创造形态

这是标准的艺术练习。在这个练习中，你需要找一个艺术班的同学或艺术老师协助你，或者从网上找一个训练指导。你需要在平面上画一个有光影的球体。想象白色的桌子上有一个小球，绘制时要包含我们在这一部分提到的以及3D光影例子中所展现的元素。

你的素描水平不需要太好，事实上，它可能还会很糟。如果这是你第一次画，而且比你在幼儿园画得好，那么你就已经很不错了。尽管你有数码工具在手，但是也可以试着自己画、随意画，从而激发大脑中的不同区域。我希望你们学习到的是思维而不是在纸上画3D画的技巧。

你应认真观察物体的样子，思考如何在艺术和设计中展现它们。观察光照下的真实3D物体，如在人行道上放一个网球，认真观察。你会惊奇地发现很多你曾经忽略了的东西！艺术学习中，观察比画或创作更为重要。

9.3.5 图案元素和纹理元素

图案（图9.21）可被定义为颜色、形状或者明暗的重复序列。严格意义上来说，图案与纹理不同，但在平面设计中，它们通常被视为同一种元素。纹理就是纸上的墨水或一个个像素。重复性的纹理也可以被看作图案，如金刚石板或砖上的纹理，它们是交叉型或正方形的图案。

图9.21 图案元素和纹理元素

纹理（图 9.22）可以体现真实物体的真实的、可触知的质感，也能体现 2D 图像的质感。在艺术作品中，纹理是传递情感和真实性的重要媒介。如果你想描绘优雅、柔软或舒服的东西，可以采用类似布料或云的纹理；如果你想体现强度或力量，可以选择代表石头或金属的纹理；你还可以用风化的木头或是磨损的油漆来代表随意的、非正式的或怀旧的感觉。

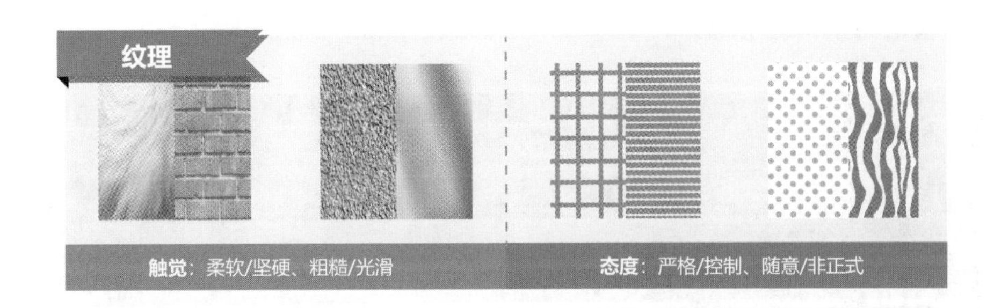

图 9.22 纹理和情感

随着设计经验的增多，你就会注意到纹理和图案的细微区别。现在，你只需要把它们看作仅凭颜色和明暗无法体现的图形和形状的视觉特质。

升级挑战：纹理练习

纹理是十分重要的设计元素。这个练习是为了锻炼你对纹理和图案的运用能力。

记住，把脑海里的东西视觉化呈现在纸上是需要练习的，这就是艺术家的生活。艺术永无完美。

1．找一张纸和一支细尖笔。

2．画一条线，至少交叉一次，形成一个从纸的一边到另一边的圈。

3．在这个圈里，通过重复一种图案创造出一种纹理。

4．在另一个区域内，用不同的图案和纹理填充。当纸面被填满时，你的水平也得到了提升。

- Level Ⅰ：只用几何纹理和图案。
- Level Ⅱ：试着创建看起来像材料、植物或动物纹理的区域。你可能需要铅笔才能很好地为这些区域制作阴影。
- Level Ⅲ：上色。试着为你的作品上色，看看效果如何。

9.3.6 明暗元素

明暗（图 9.23）描绘物体的亮度。明暗和色彩共同展现全部的可视范围。你可以把明暗看作从黑到白的渐变。但请记住，明暗也适用于颜色，你可以制作一个从黑色渐变到一种颜色，再到白色的光谱。由此可以产生“红黑”或“蓝黑”的概念，为黑色增添了一抹色彩（图 9.24）。详情请见本章后半部分。

图 9.23 明暗元素

图 9.24 不同颜色中的明暗变化

艺术或设计领域的专业人士会使用明暗这个术语，但客户很少使用。客户只会让你使图画或文本的颜色浅一点或深一点，或者有时也会用色调、色度来代替明暗的表述。严格来说，这些术语是不同的，但很多人常常将色调、色度、明暗混用。当客户使用了一个术语，你却并不确定它到底指代什么时，一定要先弄清楚。有的时候，客户自己其实并不能清楚地表述他们想表达的意思，所以你需要询问清楚。

升级挑战：明暗的视觉效果

明暗是一种很有趣的元素，你已经做过了相关练习。还记得本章前面部分“创造形态”的升级挑战吗？那个练习非常有助于你控制手中的铅笔，画出一个不错的球体。绘制 3D 物体是学习控制铅笔、正确应用明暗的最佳方法。但本练习将使你更进一步。

铅笔能够让你轻易地画出不同的明暗对比，那换成钢笔怎么样？

在本挑战中，你需要用单色（灰色除外）纹理创作出一组明暗对比图。学着用钢笔进行图案填充、交叉型图案填充和点画。尝试只用黑白双色（不能出现灰色）绘出不同的明暗效果。

- Level Ⅰ：在一个光谱中创造 3 个灰度级别。
- Level Ⅱ：采用多种方法通过渐变产生 7 个层次的灰色。
- Level Ⅲ：只用双色画出一个 3D 球体。

9.3.7 色彩元素

色彩很难被定义。如果不举例子，如何定义色彩？在字典上查到的色彩定义并不能有助于你理解色彩。理解色彩的最佳方式就是练习和探索（图 9.25）。

图 9.25 色彩元素

探索色彩的方法有很多，需要深究的概念也有很多，因此，对于大多数艺术家和设计师来说，探索色彩是一场毕生之旅。色彩的理论研究深刻而复杂。在本书中，你将学习到色彩的基本概念，但记住，这仅仅是开始。掌握这些概念后，你要学的东西仍然有很多。

色彩心理学是一门有趣的新学科，它着重研究色彩对人类的情绪和行为所产生的影响。在设计时，对色彩的选择很重要。本书将色彩定义为对象或灯光的感知色调、亮度和饱和度。

色彩的产生

色彩的产生有两种方法：组合光线产生组合色彩，分解光线产生分解色彩（图 9.26）。在 Photoshop 中，你所选择的色彩模式将决定色彩的产生方法。

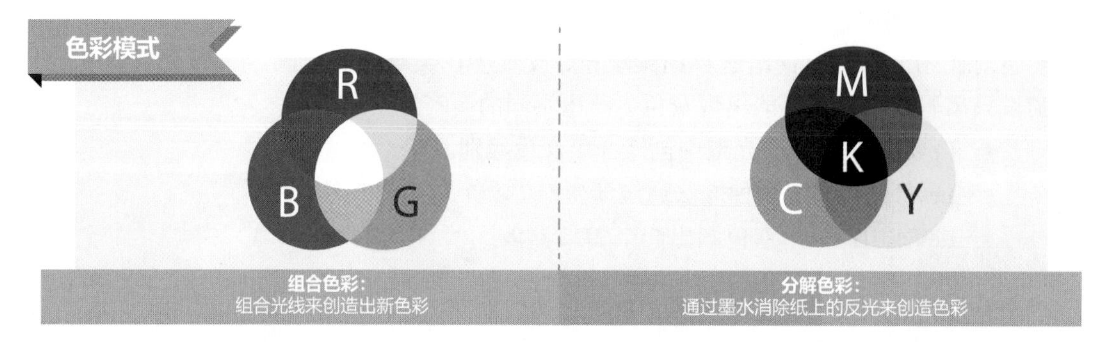

图 9.26 组合色彩和分解色彩

组合色彩通过组合光线产生。这就是你的显示器的工作原理。RGB 是组合色彩最常用的色彩模式，RGB 代表红色（Red）、绿色（Green）、蓝色（Blue），这 3 种色彩常被用来创作数字图像。显示器以及电子设备关闭时变黑，你可以在屏幕上添加光线来创造色彩。

分解色彩通过分解光线产生。这是你在早期艺术课上学过的色彩体系，其中红、蓝、黄是色彩三原色。在印刷中，我们用 CMYK 分别代表青色（Cyan）、洋红色（Magenta）、黄色（Yellow）和黑色（Black）。白纸能反射所有色彩，然后我们用油漆或墨水限制反射回观察者眼睛的光线，从而实现光的分解。

色轮

色轮（图 9.27）展现出了所有可用颜料创造出的色彩。在艺术课初始阶段，构造一个色轮是学习使用以及混合色彩的常用方法。在数字图像创作中，这个练习并不重要，但如果有机会，你也可以试一试。通过色彩的混合创造出人眼可以感知的无限种色彩和色度是一件很有趣的事。

色轮很重要，因为我们用到的很多色彩理论都是根据它们在色轮上的相对位置来命名的。如果我们用色轮来进行解释，则记住它们就会更加容易。

首先，一些色彩被归类为原色。将这些色彩进行组合就能创造出光谱中可见的每一种色彩。对于传统艺术中的分解色彩，原色指红色、蓝色和黄色；对于组合色彩，原色指红色、蓝色和绿色。

通过组合原色创造出的色彩称为次色，因为你只能通过将原色与原色混合来创造它们。混合次色和原色，我们得到另一个系列的色彩，称为三次色。图 9.28 显示了这些颜色是如何产生的。

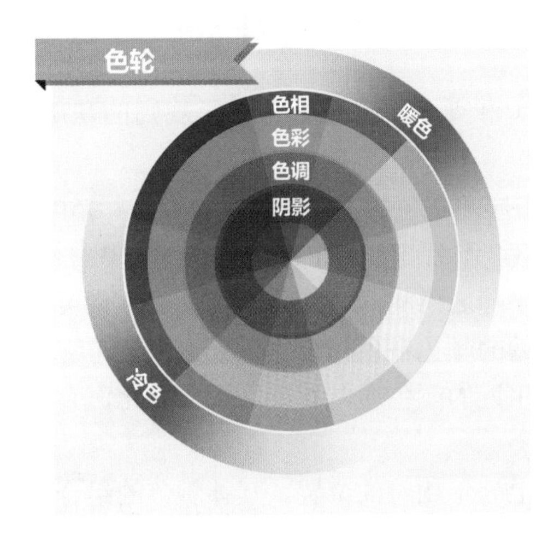

图 9.27 色轮

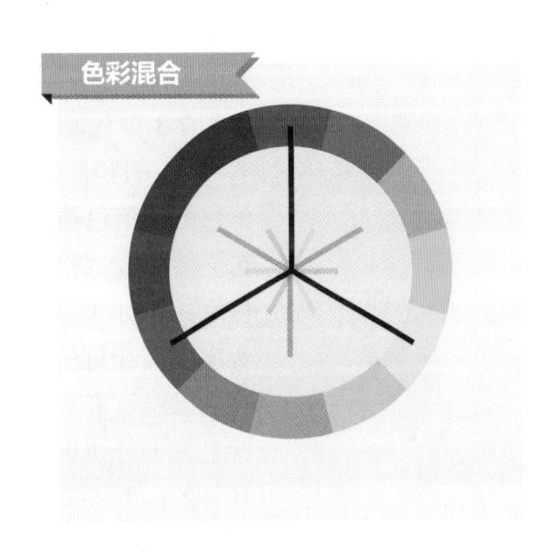

图 9.28 次色和三次色是如何产生的

升级挑战：制作色轮

制作一个色轮是艺术课的主要任务。任何有经验的传统艺术家或艺术老师都能在这个任务中帮助你，你也能在网上搜到无数与此有关的信息。这个任务将锻炼你运用色彩的能力，并且使你了解色彩的相关性。

- Level Ⅰ：用颜料在纸上制作一个传统的色轮。
- Level Ⅱ：在 Photoshop 中制作一个 CMYK 色轮。

基本色彩原理

色彩原理（图 9.29）可以帮助你为设计作品选择色彩。色彩原理均是根据它们在色轮上的相对位置命名的。我们将学习一些基础的色彩原理，以及它们所传达的情感。

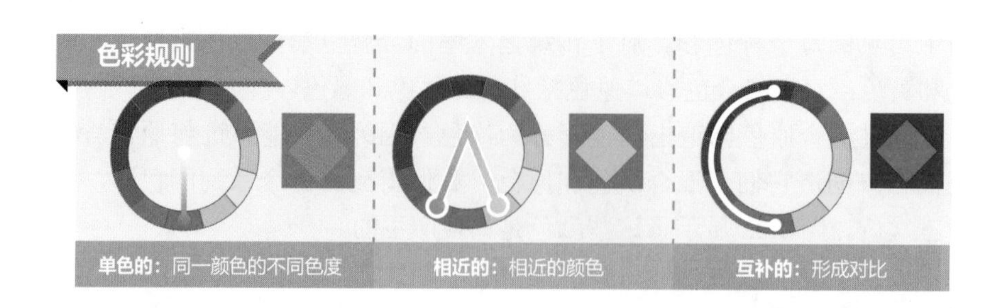

图 9.29 色彩规则

最普遍的 3 种色彩搭配方式（事实上，也是所有色彩规则的基础）是单色的、相近的和互补的。

- 单色的：单色搭配就是运用同一颜色的不同色度或色调进行搭配。它们给人以放松或平静之感，不会在作品中产生对比或能量。
- 相近的：如果你想在保持平静之感的同时加入一点变化，你可以考虑采用相近的颜色。相近的颜色在色轮中的位置十分近，它们给人以温和和放松之感。相近的颜色通常并不会形成对比，它们看上去十分协调。
- 互补的：互补颜色在色轮上处于相对的位置。互补颜色的组合对比鲜明，十分醒目，需小心使用。如果使用不当，互补颜色会非常“刺眼”，一不小心就成了视觉的败笔。请记住互补颜色会产生对比。

色彩关联性

我们常常将不同的色彩与不同的事物相关联。作为一名设计者，你必须学习如何正确使用色彩来传达信息。同样，这也不是一门科学。在你锻炼色彩选择技能时，你需要在图 9.30 的基础上，进一步考虑。但要记住，色彩及其关联性十分有助于你在作品中打造合适的情感。你可以利用色彩关联性使互动性作品产生对比，这会更加有趣。

图 9.30 常见色彩关联性

9.3.8 字体元素

字体（图 9.31）通常不被看作传统的艺术元素，但它在设计作品中十分重要。字体能够传递很多情感，选择合适的字体是每一个设计者都需要掌握的技能（但很多人并不具备这个技能）。和色彩一样，字体领域的内容博大精深，因此有专门的书和学院课程研究字体。我们不能将其简单地规定为“最多使用 3 种颜色。如有疑问，使用 Helvetica。不要使用 Chiller”。

图 9.31 字体元素

★ ACA 考点 1.5b

不同字体特点不同，你必须谨慎地为你的作品选择字体，注意要让字体与作品的整体感觉相协调。字体之间也需要协调。找到平衡需要时间和练习，但假以时日，你便能熟练地挑选字体。艺术家偏爱少数特定字体，这不要紧，尤其在开始阶段。

升级挑战：令人迷惑的版面设计

目前，流行的拼图风格（通常可以在书店看到）都有一个非常醒目的排版重点，也就是以不同字体写着“家规”或“生活教训”。任何有着多种字体的大文本拼图都很美观。在你制作这个拼图时，注意不同字体的细微区别，以及不同字体的字母之间的细微区别。你应学着注意不同风格字体之间的细微区别。

- Level I：与几个朋友一起做一个这样的拼图，讨论你们观察到的东西。
- Level II：独立完成一个这样的拼图。

印刷

印刷是一种用字母形式和字体设计来促进信息传递的艺术。正如前文所提到的，字体可单独成为一门学科，也很容易让人“抓狂”。在本课中，我们粗略地学习了一些基础知识，但我希望随着你在设计方面不断进步，你能深入学习字体。接下来，我们了解一些必要的词汇。

严格来说，（印刷用的）字体（图 9.32）是大量文字构成的字体集。例如：Helvetica、Arial、Garamond 和 Chiller 都是字体。简而言之，字体是字母的“长相”。字形是不同大小、不同风格字体的特定集合。所以 12 号 Arial 细体和 12 号 Arial 粗体是同一种字体的不同字形。同理，同种字体大小不同是指字体相同、字形不同。

计算机的字体文件夹通常以一种样式包含了某一特定字体的所有字形，例如加粗、斜体以及缩略体。一组包含不同字形的字体文件夹通常被称为特定字体的“字体系列”。

从现在开始，我们采用字体这个术语，因为这也是你在计算机中添加字体时要安装的文件夹的名字，是最常用的术语。很少有人会为这些不同而烦恼，因为它们对于计算机生成的字体来说已经不存在了。

图 9.32 今天的很多印刷术语都是在活字印刷时代创造的，但随着印刷技术的进步，术语也有所变化

字体分类

字体分类的方法有很多，但根据本章的学习目的，我们将采用 Adobe Typekit 分类法。一般来说，人们将字体分为两大类：衬线字体和无衬线字体（图 9.33）。

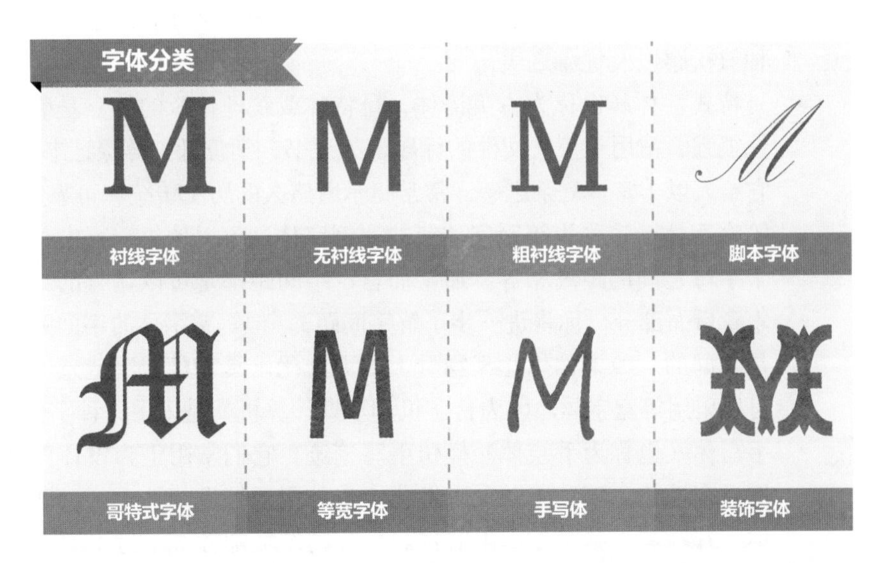

图 9.33 Adobe 中的字体分类

- 衬线字体常见于打印文件和大部分印刷书籍。通常而言，大段的文本采用衬线字体更便于读者阅读。因为绝大部分书籍以及早期的打字机都采用衬线字体，所以它们让人感觉更传统、更智能、更优雅。
- 无（Sans）衬线字体没有衬线。“Sans”是英语从法语中舶来的词汇，就是“没有”的意思。无衬线字体适用于标题，因为它们给人以强烈、稳定、时尚的感觉。无衬线字体也适合在网站和屏幕的大面积文本中使用。

除了这些我们用于文档的基础文本字体，设计者还会采用其他不适用于大面积文本阅读的字体。出于这个原因，大多数设计者认为以下字体为装饰性字体。

- 粗衬线字体（也叫埃及字体、块衬线字体或方形衬线字体）是一种典型衬线字体的方形版本。这种字体弥合了衬线字体和无衬线字体的差距，给人以机械制造感。简单的设计让它们比对应的衬线版本显得较为粗略。
- 脚本字体（也叫正式字体或书法字体）给人以优雅之感。这种字体适用于婚礼等正式场合的邀请函。在设计作品中，它适合用来传达美感、优雅以及女性的典雅。如果你在为洗浴中心、美容店或是某种产品、某种服务做设计，则使用脚本字体有助于传达一种放松感以及优雅之美。
- 哥特式字体（也称为古英语体、哥特体或纹理体）的特点是装饰性很强。常用于正式文件的标题，如证书、学位证、等级证书等。它给人以丰富、复杂之感，常常暗示着悠久的历史传统和可靠性。
- 等宽字体（也称为等距字体或非比例字体）可以使每一行中每一个字母之间的距离相等。通常而言，字间距都是可以调整的（在本章后面部分，你将进一步了解字间距），但等宽字体的字间距都是相同的。如果你想让某物看上去大众化，具有机械制造感，就可以采用等宽字体，因为打字机和早期计算机就是采用这种字体。
- 手写体（也称为手绘体）模仿手写笔迹。它们常用于为设计作品增添个性化、随意感以及人性化，也常用于垃圾邮件中，以诱骗你打开写着“独家专享限时优惠！”的垃圾邮件（千万不要上当受骗）。手写体可以表达随意和友好，但在大型文本中，它们会为阅读增添难度。

- 装饰字体（也称为新颖体或展示体）不属于其他任何一种字体，它能传达出特定的情感。装饰字体应尽量少用，用时需谨慎。不要仅因为觉得这种字体很酷就使用，这是新手常犯的错误。一定要确保某种字体能传达你需要传达的某种特定的情感时，才使用这种字体。
- 符号字体（也称为 wingdings 字体）是一种特殊字体，它没有字母表，而是由一组图形组成。

注意

一种字体的每一种元素，不论是字母、数字、符号还是花饰都可以称为“字形”。

字体讨论

在设计行业工作，你需要学习很多有关字体的行业术语。其中一些是在讨论设计时常用的，还有一些将有助于你为自己的作品找到一种最佳字体。

字体解剖学

图 9.34 给出了一些有关字体的分解术语。软件中并不涉及这些选项，所以我们不会深入研究。但这一部分及相关术语的学习将有助于你区别字体之间的不同。学习图 9.34 是理解这些术语最容易的方式。在设计行业，你将会听到这些术语，并且当你在寻找某种特定字体时，知道这些术语将有助于你描述你想要的字体。这些术语是描述性的，如上部、下部。类似人肢体的臂、肩、尾，建筑学上的内部平面和叶尖饰。

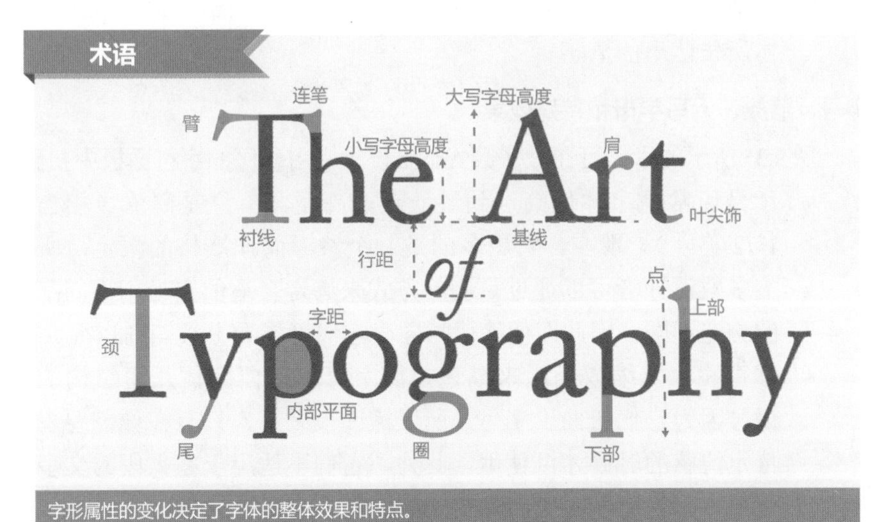

图 9.34 许多重要的字体术语

字体中的三位一体

有关字体的 3 个主要概念是水平字间距、字间距和行间距，这 3 个概念被称为“字体的三位一体”。作为一名设计者，你必须掌握这 3 个概念。这里所定义的概念将涉及字体在水平方向和竖直方向上的间距。

- 水平字间距指水平方向字母之间的距离。例如，“Too”的前两个字母的距离比“The”的前两个字母的距离近，因为字母“o”有一部分缩进了“T”的右下方。高品质的字体文件将会对特殊字母组合的水平字间距进行很好的处理，但对于一些专业性作品（以及设计糟糕的字体），你必须对水平字间距进行调整。进行特殊字母组合的水平字间距调整有助于完善标志和标题类设计作品中字体的呈现效果。
- 字间距是指一段文本中所有字母之间的距离。你可以压缩或放大字母间的整体距离，而不是像水平字间距那样，只能调整特定字母之间的距离。字间距的调整对文本给人带来的感觉有很大影响。练习调整字间距有助于为标题创造不同的感觉。
- 行间距是相邻两行文本基线之间的距离。基线是一条虚构线，标明行所在的位置。文字处理软件一般会限制你使用单倍或双倍行间距，但在专业设计软件中，你可以自定义行间距。这样你就可以在作品中创造更加美观的空间，甚至还能使文本段落重叠。在你的作品中应用行间距进行练习。仅调整行间距，你就能改变文本所传达出的情感。

字号、缩放、大写字母和特殊效果

图 9.35 所示的术语可在大多数 Adobe 设计应用程序的字符面板中找到。

- 字号通常是字体最高点到最低点的高度，单位是磅值（相当于 1/72 英寸）。现在，它更多的是一个参考而非严格的限定，所以大多数设计者可以通过目测的方式来选定合适的字号。不同字体的构造不同，因此即便磅值相同，它们可能看上去差别也很大。
- 垂直和水平缩放是用来描述拉伸字母和扭曲字体几何结构的术语。因为它们扭曲了字体，所以需谨慎采用，只有在你需要表达特定情感的时候才可使用。此外，它们不适用于在大段的文字中使用，因为字体的扭曲改变会增加阅读的难度。

字号和特殊字体

Ag

ALL CAPS
SMALL CAPS

st ffi
sh

字号:
字体的总高度

缩放:
水平的或竖直的

大写字母:
全部大写字母和小型大写字母

特殊字体:
连字和花饰

图 9.35 字号和特殊字体

- 全部大写字母和小型大写字母比较相似，因为它们将所有字母都变为大写，但全部大写字母会使所有字母的大小一样，而另一种方式会使首字母字号更大。小型大写字母比全部大写更容易阅读，但这两种格式都应避免出现在大段的文字中，因为它们都比标准文本更难阅读。
- 连字和花饰是特殊选项，它们可以让一些字体下的特定字母组合联结或者为字母添上有特色的一笔。例如，当标题中出现“Th”的组合时，可将其替换成一个连字，这样看上去更美观。花饰为字母添上一个流线型的优美的尾巴。连字和花饰都为字体所特有，它们给人以特别的优雅感和艺术感。

提示

高端字体可提供拥有比软件设置中更好的小型大写字母功能的字体。如果这对你的设计很关键，找一个支持这种设置的字体。

注意

连字和花饰可在大多数 Adobe 设计软件的 Open Type 面板中找到，并非在字符面板。这些不常用的特色功能会为相应的字体增添新颖之感。

升级挑战：特定字体的游戏

你能在网上找到丰富的字体练习资源，也许你会发现一些资源并非很好，但至少值得粗略一看。我们希望你能充分利用这些资源来进一步提高你对字体和排版的理解。

- Level Ⅰ：在网上通过排版游戏练习使用至少 3 种字体。
- Level Ⅱ：在游戏中至少得到一次高分。
- Level Ⅲ：在游戏中得 5 次以上的高分。

段落设置

段落设置影响整个段落，而并非只是被选中的字（图 9.36）。图 9.36 所示的对齐选项可调整段落的对齐方式，包括左对齐、居中对齐、右对齐。对齐设置使文本在段落的两边分别与一根线对齐，并且决定了最后一行如何对齐。在缩进设置中，你可以选择整个段落在每一侧的缩进距离，或者仅第一行的缩进距离。段落间距设置与行间距设置相似，但段落间距针对段落进行改变，而非段落之中的行，你也可以设置段落与其上方或下方的段落的距离。你可以决定是否或何时使用连字符来分割单词。

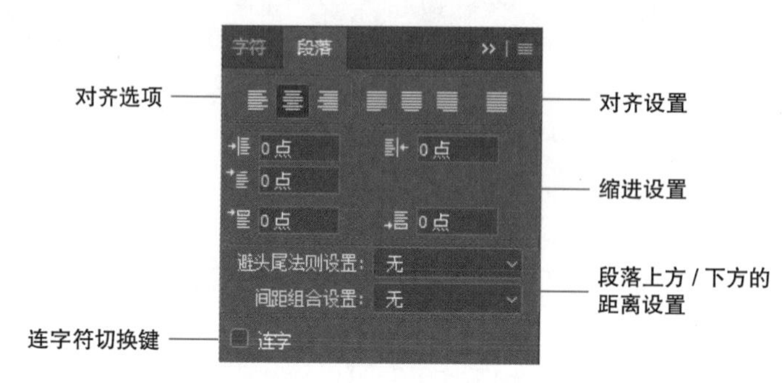

图 9.36　段落设置的图标非常有助于表明每种设置的功能

9.3.9　小结

正如你在这一部分所见，元素是设计的构成要素或原材料。但只有根据设计的原则在工作区布置这些元素，才能将它们变为艺术。在下一部分，你将学习设计原则，这是使你的设计作品更加精美的框架。

9.4　设计原则

★ ACA 考点 1.5a

与设计元素十分相似，不同的艺术家以及不同的学派对设计原则的定义各不相同。对于一个艺术初学者而言，这实在令人懊恼。因为有的时候，你希望有人能够告诉你答案。

但当你理解了这些原则后，你就会明白没有人能够制定出一个通用的艺术原则。没有正确答案就意味着没有错误答案。你总是会有不同的方法来创造艺术，而成为一名艺术家也并不意味着你学会了任何创造艺术的方法，而是意味着你在学着去发现艺术。

只有学习了设计原则，你才能真正理解艺术。因此，空谈理论不如展开实践。真正掌握设计的原则，并加以练习是成为一名艺术家的唯一道路，这是对美和创造力进行终生探索的开始。

探索设计原则的底线是不要只停留在名字和描述上。概念并非一成不变的，不要把它们限制在定义的范围内，它们是灵活多变的。学习原则其实是向着没有边界的方向前进。所有精美的艺术和设计的目标都是不断探索新的方法来运用元素和原则，而不是重复过去已经用过的。学习这些原则是理解一些东西的开始，而非限制。

9.4.1 焦点原则

焦点（图 9.37）指人们在看到设计作品时自然而然第一眼看到的点。一些作品的焦点十分明显，如绝大多数的营销广告。其他作品需要你用心体会，需要你对颜色和纹理进行一番探索，但除此之外就没有焦点了。

图 9.37 “突出点”就是焦点，也就是人们看图像时第一眼看到的地方。在你进行设计时，注意利用这一特点

把焦点当作艺术创作的核心要点或主要思想。通过改变作品中的某些要素可以将观众的目光吸引到某一个特定的点。你很容易就能在本书

中找到例子，例如，章的标题比其他字体更大，提示由不同的背景颜色标出等。即便只是简单地将字体倾斜或加粗也会使得相应内容更突出。人们的目光自然而然会被独特的东西所吸引，所以如果你想让某些部分脱颖而出，就应使它们有所不同。

谨慎采用对比，这一点十分重要，因为设计新手的典型问题就是喜欢让所有东西都独特，但结果往往是没有任何部分能脱颖而出，设计看上去很随意且并不酷。让一些部分和谐统一，会让人们感觉更好，也会更加突出真正重要的部分。

9.4.2 对比原则

对比通常会吸引人们目光，也会突出作品的焦点。一张空白的画布上没有任何对比，一旦你开始改变画面、创造对比，焦点也就随之产生。对比原则可定义为一张图画中元素特征的不同之处。创造对比也就是使作品中的某一要素与其周围的部分不同。

许多艺术家将他们对于对比的理解限制在颜色或明暗的对比，但对比并不仅限于此。任意两个不同的物体都能创造对比。大小、纹理、明暗、颜色或者任何你在学习元素时学到的基本特征都能产生对比。

记住，关于对比最重要的一点就是，所有的对比都能产生一些突出点，但如果突出点太多，就会导致没有焦点。

9.4.3 统一原则

统一（也叫和谐）能够传达出作品中的平静、平和或冷静的感觉。统一原则要求同一部分的元素应该看上去像彼此的一部分（图 9.38）。作品中的元素应该让人感觉是一个和谐的整体，这并不意味着所有东西都必须是一样的，但它们需要有一些共同点。如果画面不统一、不和谐，就会导致没有焦点，也就是没有突出点。

注意观察本书中不同部分的标题，它们让你在浏览本书时能够快速找到你要查阅的内容。甚至是段落之间的间隔也有助于不同概念的区分，但同一段中的所有文字为一个整体，因为它们的字体、间隔、颜色等都是一样的。

图 9.38 图像中相似的线条、颜色甚至是明暗都给人以统一和谐之感

达到和谐统一至关重要，这样你所创造的对比就能立即吸引观众的目光到你想突出表达的地方。不仅在艺术中，在设计中我们也乐于引导观众的思想。通常而言，设计的目的性比艺术更强。但艺术和设计同等重要，设计可以促进你对艺术元素和原则更高效、更富有成果的练习。

9.4.4 变化原则

变化有助于传递作品中的能量、热量和高涨的情绪。变化原则就是在图像中运用不同的元素来吸引观众的目光，变化原则刚好与统一原则相反。你可以把统一和变化看作对比的两个对立面：统一是在作品中少用对比；而变化则恰恰相反，它会在作品中采用多种对比。

变化原则在一般情况下尽量少用，因为太多的变化很容易让你的作品从有趣变得混乱无序（图 9.39）。新手艺术家和设计师有时需要经过刻苦训练才能正确掌握变化原则。太多的变化会使得画面太过复杂，完全失去了焦点，也没有达到和谐统一。要注意避免这种情况的发生。

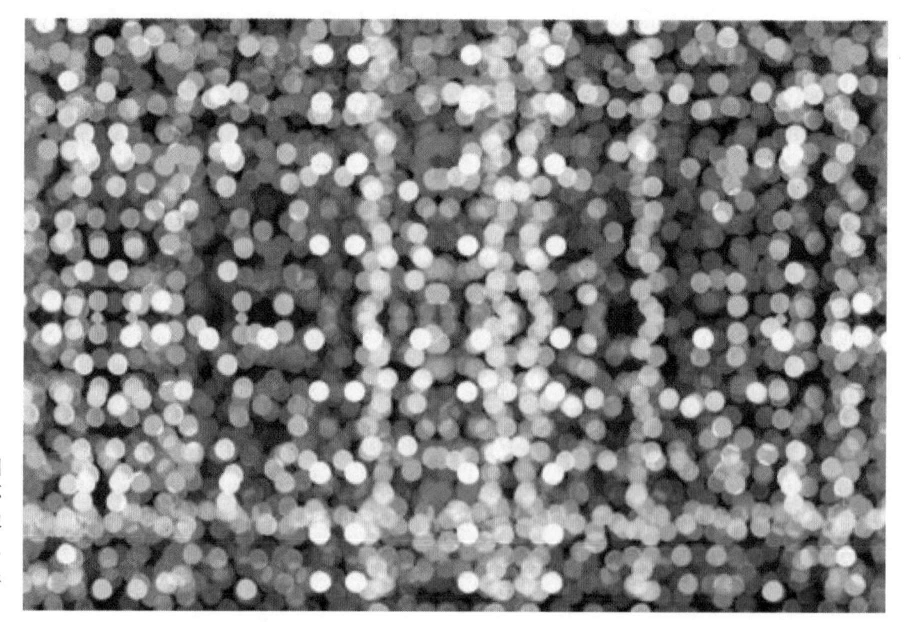

图 9.39 如果一幅图像中的所有东西都不相同，就像这幅图像中的彩色亮点，那么便没有任何东西会显得突出

9.4.5 平衡原则

平衡是指图像中的事物不应均匀分布。这并不是说每件事物都应该放在中间，或者如果右上角有某物，则左上角也应该有对应的物体。专业人士不会这么布置画面，经验丰富的艺术家会合理安排作品中包括空间在内的所有元素。

平衡有多种形式：对称的、不对称的或放射状的。

- 对称的：对称性平衡是大多数学生最先学会的。对称性平衡适用于可从中间分割的图像，并且左边部分和右边部分呈镜像关系（或上部和下部呈镜像关系）。就好比跷跷板，两边的人体形相似且到支点的距离相等才能达到平衡。这种平衡最容易掌握，但它会传递出刻意、正式、机械之感。
- 不对称的：不对称性平衡（图 9.40）是通过画面左右（或上下）两边元素不同达到平衡的。想象一个成年人和一个儿童坐在跷跷板上，如果成年人距支点更近而儿童距支点更远，他们也能达到平衡。要想达到不对称平衡，你需要利用空间来安排。

提示

许多艺术家和设计师通过使画面元素“靠左”“靠右”或“靠上”来让作品独具一格。假以时日，你也能够掌握这样的技巧。

图 9.40　尽管这幅图不对称，但它很好地实现了平衡。明亮的太阳和右下方暗色的石头相均衡

- 放射状的：放射状平衡（图 9.41）是一种环形平衡，它从画面的中心而非中间向四周放射。许多艺术家觉得他们看放射状平衡的图像时，是在从下往上看。这种类型的平衡几乎都是环形的。万花筒是一个很好的放射状平衡的例子，它给人以平衡统一感，但通常也比其他类型的平衡更多地给人静态感。

图 9.41　放射状平衡

9.4.6 比例原则

比例描述的是物体的相关尺寸。如果你曾经对着一幅画发表评论“头太小”或“身体太胖”，则你其实是在评价它的比例。简而言之，比例就是各部分大小的协调关系。

你可以通过调节比例来创造焦点。比实际尺寸大的物体会显得更强壮、更重要或更有力量，例如本书通过放大标题的尺寸使标题得到重点突出。你也可以通过缩小比例来降低某物的力量或重要性。

9.4.7 重复和图案原则

重复和图案原则以及动感和韵律原则似乎是最令人困惑的，也是最难掌握的。事实上，一些艺术家和作家通常把图案与重复和韵律联系在一起。在此，我们对这些概念进行初步学习，主要学习它们最简单、最具体的用途。希望你能自主学习，进一步探索重复和图案原则。

重复原则极易掌握：在设计中重复某一元素。重复能够传达很多东西，但通常它代表着重要性、运动和能量。想象一幅插图上，一个球在滚动或一只卡通鸟在扇动翅膀，仅仅重复几条线就能够传达出动态感。

图案是将几个不同的物体按照顺序进行重复。重复和图案的区别在于：重复只涉及一个元素（如西装上的细条纹），图案涉及一组元素（如布料上的花朵图案）。元素不断重复，达到一定程度后就从重复变为了图案。

另一种构建重复的方式是用元素中的某些特点进行重复。这样会让这些元素更有和谐统一的感觉，也会让观众知道它们是有联系的。例如，把标志的颜色重复用在标题和加粗字体中，或者把照片中的颜色用在杂志相关文章的标题中。这种类型的重复会为作品增加协调统一感。

9.4.8 动感和韵律原则

动感和韵律很相似，就像重复和图案。它们修饰图像就好像副词修饰形容词。它们传达元素所创造的感觉，而并不是对元素进行特别的改动。

动感是指图像中的视觉移动。在不同情况下，动感可以指观众的目光自然而然地从图像的一个焦点移到另一个焦点的过程，也可以指图像中元素的虚拟移动或流动。

动感也指图像的“连贯性”，这是一个你需要考虑的重要原则。它更多的是一种感觉而非具体的视觉效果。如果某一物体“感觉不对”，则这可能是连贯性不确定或是相矛盾造成的。如果你没有考虑到作品的连贯性，则请仔细研究并创作出一种连贯性来引导观众。连贯性越好，你的设计就越能传递一种可靠性、一致性和平静的感觉。复杂一些的连贯性传递出新颖、自由，甚至还有可能是混乱的感觉。

韵律是指作品的视觉“节奏”，它是一种不规律但可预测的图案。正如鼓手创造的节奏，设计师的“节奏”是创新性的、表现性的，而不是连续性的图案或重复。韵律取决于具体作品，因此它不一定是一个关键原则。可预测的韵律给人以平静感，传达出一致性；而不规律的或复杂的韵律给人以紧迫感，传达出能量。

这两种原则是主观性的，所以一定要在和客户讨论这些原则的时候弄清楚你不确定的东西。因为它们更多的是一种感觉，而不是具体的元素或技巧，处理它们需要一些经验。这两个原则和其他原则一样，一旦你开始学习它们，你就会开始在别的地方注意到它们。

9.5 小结

作为一名视觉设计师，你必须了解设计元素和原则，这样你才能将作品中的情感清晰地传递给观众。Photoshop 技术的基础知识十分简单，即便是业余人士也能够掌握这些知识。

花一些时间来提升你的设计技能，记住，它是一系列的技巧。你需要进行练习、不断完善草图，如此才能提升这些技能。使用 Photoshop 却没有设计感就像开一架飞机却没有引擎，飞机很厉害但无法到达目的地。艺术元素和原则就是翅膀和方向，你可以利用它们把艺术带到你想去的地方。

假以时日，通过大量练习，你会发现你的设计感得到了升华，艺术作品越来越精美。并且你会发现世界更大了，更有趣了，更美了，更精致了。

Photoshop 为你提供了实用且全面的功能，帮助你进行视觉设计。但要想成为一名艺术家，你不仅要提升设计技能，你还要学会发现艺术。

睁开你的双眼，欣赏你错过的美！

本章目标

学习目标

- 了解客户需求。
- 熟悉版权和许可方面的基础知识。
- 探索项目管理。
- 避免项目扩大化。

ACA 考试目标

- 考试范围 1.0
  在设计行业中工作 1.1、1.2 和 1.3

第 10 章

为客户服务

作为一名视觉设计师，你需要与其他人一起工作。设计师和艺术家是两种不同的职业，但是大多数从事创造性工作的人都需要两者兼任。这就像很多摄影师为了赚钱而拍摄婚礼一样，这可能不是他们最喜欢的摄影类型，但它报酬丰厚，令人快乐。如果你喜欢拍摄一些旧的东西，如破旧的墙壁和生锈的农舍门，你就会发现根本无法用“生锈的农舍门”的照片来赚钱。

除了钱，你还需要学会的是如何对“为他人做设计”这件事情产生激情。这部分工作的秘诀就在于项目规划的双重性：倾听和关心。

10.1 你的角色定位和交流对象

设计特定项目的第一步是要了解客户的需求。这一点很关键，因为客户是“衣食父母”。最重要的是，客户是聘请你为他们说话。作为一名视觉设计师，这是你不可推卸的责任。因为被信任，所以你才会代表整个公司或整个项目与客户进行沟通。你必须要满足客户的需求和达成项目目标，这是进行任何设计的指导原则。你必须始终牢记你的目标，并把全部的注意力放在这个目标上。这样可以简化你的工作流程，并且能避免分心。

★ ACA 考试目标 1.1

下面是几个假设的场景。

- 某乐队是一个将金属、歌剧、爵士、蓝草音乐融合的乐队，他们想要在当地的农贸市场推广即将举行的免费音乐会。
- 某教堂需要一份宣传手册以征集志愿者和募集捐款，帮助在台风中受难的孤儿。

- 某保洁服务公司希望企业了解他们高端、环保的办公室清洁服务信息。
- 某公司希望推广他们低冲击力的推土机，这种工具可以将居民住宅附近的树木移除。
- 某市卫生部门希望开展一项推广健康饮食和积极的生活方式的运动，并提醒人们警惕日常生活中的不良习惯。
- 有一款新型的可折叠摄影灯，发明人需要为该灯举办的活动设计一个标志和图像。

不同的项目有不同的目标，对吧？ 有人想免费赠送一些东西，有人想赚钱，还有人想向别人寻求帮助。因此，帮助客户确定他们的项目目标非常重要，但这有时会很难做到。

10.1.1 单一声音，单一信息

这里有一问题：你和 20 个亲密的朋友待在一个房间里，你却不知道他们在说什么，为什么会这样呢？他们明明都说得很大声，你也听得很清楚，他们说的是和你一样的语言，没有人有语言或听力方面的生理缺陷。那么哪里出问题了呢？

他们同时都在说话！

如果一个设计想表达的信息太多，那相当于什么都没表达。整个设计“杂乱无章”，客户很难将注意力集中在主要目标上。这与焦点设计理念类似，即所有的创意项目都需要有一个焦点。明确项目中最重要的目标非常重要。有时，客户会试图准确地提出他们的目标、愿景或梦想。这些总体目标和梦想在设计过程中非常有用，你需要认真倾听，这样才能了解客户。但是，要想高效完成一个项目，并在完成过程中与客户建立有效的沟通，你还需要与客户一起制定并努力缩小项目目标。

这个沟通的过程通常被称为“电梯游说”。它要求客户在极短的时间内对项目进行总结，也就是用一个简短的句子来传达目标。通常情况下，我会要求客户用尽量简短的一句话来回答，这样可以使他清晰地确定这个设计项目的目标。

以下是一些与上述场景相关的“电梯游说”。

- 来参加我们的免费音乐会吧。

- 帮助受灾儿童。
- 为你的办公室提供安全的清洁服务。
- 把树移走且不会损坏你的院子。
- 保持健康，避免隐患。
- 我们的摄影灯既有趣又实用。

诚然，这些目标并不优雅诱人，也没有引人注目的地方。但它们是你沟通的核心，这就是你的客户付钱请你设计项目的原因。要想做出一个有效的设计，你需要更多的细节，而专注于这一核心目标可以帮助你控制可能导致项目扩大化的潜在因素。但请务必谨记：客户的目标永远是第一位。

如果目标不清楚，最终的设计产品想表达的信息就会不明确。找到目标，当项目开始发展到将要失去重点时，你总是可以回到作为“根据地”的目标上。有时目标并不明确，有时设计甚至会偏离最初的目标，所以帮助客户专注于项目的主要目标是很关键的。尽管如此，你终究还是为客户服务的，所以即使你不同意，客户也可以做主，他拥有最终的决定权。

现在，我们将讨论项目中第二重要的人——一个实际中并不存在的人，即这个项目的理想目标受众。

10.1.2 确定客户的目标受众

★ ACA 考试目标 1.1

作为有创造力的专业人士，我们必须要为项目开展受众数据统计并确定目标受众。这是关键的一步，可以帮助客户弥合与理想受众之间的差距。要做到这一点，你需要确定受众群体的共同特征，并在每个人的心目中塑造一个典型的客户形象。有些客户会说“每个人都需要我的产品”，但这些客户仍需要把重点放在当前项目特定的目标受众上。俗话说：“假如你毫无目标，你将次次脱靶。”这句话很有道理，尤其是在确定目标受众的时候。

确定项目的目标受众也是至关重要的一步，其重要性仅次于定义客户目标。通常，这也是客户目标的一部分。例如，当你要制作一种新的钓鱼竿时，你可以很容易地描绘出你的目标受众：喜欢钓鱼的人。所以，你一般不会使用那些可以吸引朋克摇滚观众的图形、文字、图像等。同时，准妈妈们也通常不会被这些图片所吸引。

确定目标受众可帮助你确定要向谁发送消息。同时，你应了解受众的目标以及你客户的目标，确保你分享信息的方式能够使受众产生共鸣。如果你理解了受众的需求和感受，就可以向受众展示你所分享的内容是如何满足这些需求的。

最简单的方法是为客户的项目创建假想的“完美契合”。以下是一些需要考虑的事情。

- 收入：确定你需要专注的是质量、独特性还是价格。
- 受教育程度：确定设计的词汇及其复杂性。
- 年龄：确定整体的态度和词汇。
- 爱好：帮助确定图片、内部词汇和态度。
- 关注度和热情：确定核心设计理念、吸引点等。

我们可以很容易地看出，不同的受众所关注的点是不一样的。你一定不希望在针对准妈妈的广告中看到极限运动的画面，在露营和独木舟装备公司的设计中使用夜总会图片。没有经验的设计师有时会为了取悦自己而设计产品，但这样做并不总能使目标受众开心。

是什么让你的受众与众不同？谁需要用这个产品来解决问题？把这些问题记在脑海里，并与你的客户一起讨论，帮助他们想象他们的典型目标受众，然后寻找能够吸引客户的内容。

把自己当成“媒人”，想象你正试图把你的客户介绍给目标受众或消费者，这时，你应说一些目标受众想要听到话，并使用图片将他们的生活方式和未来与你的客户联系起来。

10.1.3 为客户工作的黄金法则

有效的设计可以帮助别人传达意愿。当你开始一个新的设计时，请记住商业版的黄金法则：谁拥有黄金，谁就有权制定规则。

你最终是要为你的客户工作。你应帮助他们看到你认为行之有效的方法，询问正确的问题，千万不要与客户争吵。他们对于目标受众的洞察力和观点或许会优于你。即使你不同意客户的设计决策，你也仍然需要帮助他们实现项目愿景。如果你不喜欢，你可以不把最后成果放在你的设计作品集里，但你仍然可以从客户那里获得工资。一切的一切都归结到客户想要的是什么，而不是你认为他的目标受众会回应什么。请按照客户的要求去做，这是他的项目，他的受众，他的钱。

但是，这个规则有一个例外，你需要一直牢记：当你的客户要求你忽略著作权法时，你有责任尊重法律和设计同行。通常，客户只是感到困惑，但你可以让他们明白你不能复制其他设计或使用受版权保护的材料。沿着这个思路，接下来我们花点时间谈谈版权问题。

10.2 版权与撤销版权

★ ACA 考试目标 1.3

著作权法是一套了不起的法律，它旨在保护和促进艺术家及其艺术、创造力和学识。它确实受到一些批评，但我想请你先暂时抛开先入为主的想法，仔细考虑一下著作权（版权）的概念。

著作权法有时会被公众误解，因此，当你无所事事的时候，你可以试着了解一下它。对著作权法有深入的理解可以让你帮助那些陷入困境的作家和艺术家朋友认识到，即使不付律师费，他们的作品也会受到保护。你可以直接帮助他们，也可以耐心地教他们。

不过请记住，我是设计师和指导老师，不是律师。本章不涉及法律咨询，只是为了帮助你了解法律以及它存在的原因，这样你才能欣赏它。你通常更倾向于遵守你理解和欣赏的法律，著作权法可以维护你的权利。所以，跟我一起学习它吧！

请记住：著作权法可以提升创造力。让我们来探讨一下它是如何做到的。

10.2.1 版权的出现

首先你要知道，只要某些内容可以复制，那么这些内容就是受著作权法保护的。若想使内容受著作权法保护，你无须填写任何特殊的表格，无须向政府部门报告，也无须做任何额外的事情。因为法律是这样写的：一旦原创和有创造性的东西以“固定的形式”被记录了下来，则版权便生效了。这意味着只要你写下点什么，画出草图，或者按下快门，所产生的内容都会立即受到著作权法保护。如果你还需要做一些额外的事情，那唯一原因就是你要建立一个可验证的证据，证明作品何时受到著作权法保护。因为谁能证明他是第一个创作了此作品的人，谁就拥有了版权。

想象一下，你在一家餐厅和一个朋友聊天。谈话中，你当场编了一首歌。在你身后一位著名的歌手听到了你的歌声，并把它记录了下来。他声称拥有歌词和旋律的版权，并用你即兴演唱的歌曲赚了一百万美元，而你对此一点办法都没有。然而，如果你在唱歌的时候用手机录了下来，那么你就是那个先以固定的形式录制这首歌曲的人。因此，你就拥有歌词和旋律的版权，而那位歌手将欠你一大笔钱。

法律为什么会有这个奇怪的小规则？因为当版权的归属在法庭上存在争议时，法院必须决定谁拥有版权，这个决定取决于确凿的证据。因此，法律规定第一个以固定形式记录某物的人获胜。这样，如果你没有证据证明你是第一个，你就无法起诉别人。即便你确实是第一个，但你没办法证明，那也只能说你运气不好。

那么，为什么音乐、光盘等都有版权标志呢？如果我们不需要声明版权，为什么要展示它呢？

简单来说，它是在提醒人们谁拥有这个受著作权法保护的材料。如果没有标明日期和版权标志，人们可能会认为他们可以合法地为他们的朋友复印这本书。大多数人认为，没有版权声明，那么版权就不存在（这种想法是完全错误的）。可见的版权声明可以阻止这种谬论和行为。

提示

尽管你的原创作品在未注册的情况下就能自动获得版权，但如果你注册了该作品，你可能会从侵权者那里获得更高的金钱赔偿。

所以当你完成作品后，在上面加上版权标志肯定不会有任何害处，它更多的作用是提醒公众，而不是保护你。你的作品已经受到法律保护了。将版权标志添加到你的作品中，就像将安全系统标志放在你的前院一样。它不能阻止一个有决心的小偷，但它可以阻止有药可救的罪犯。尽管如此，如果你认为这个标志让你的院子看起来很低端，把它拿开也没关系，因为安全系统已经在保护你了。

10.2.2 在数字内容中添加版权声明

数字文件的妙处在于，它们能够包含隐藏的信息，而这些信息永远不会影响观众对数字文件的欣赏。因为你可以将版权信息直接添加到数字内容中，而无须在艺术作品中添加影响视觉效果的版权声明。你可以通过在数字文件中添加一种名为元数据的信息来实现。

元数据是不显示在文档本身、隐藏在文件内部的信息。这是存储版权信息、联系方式等信息的完美方式。在某些数码相机上，元数据可以记录镜头信息、拍摄地点信息，还可以记录是否安装闪光灯、闪光灯是否使用及其他相机设置等。在数字文件中，元数据可以共享创建它的计算机、时间和创建者的姓名。当你通过网络发送作品时，一定要使用元数据，并务必检查客户提供给你的文件，以确保你在进行创作时，没有侵犯到其他专业人士的利益。

但我并不想用他们的作品赚钱，所以就没关系，对吧？这是一个很难回答的问题，与此同时，这个问题还附带了一些有趣的规则。

10.2.3 合理使用受著作权法保护的材料

★ ACA 考试目标 1.3

当你使用 Photoshop 进行练习时，可以使用受著作权法保护的素材吗？你可以为了好玩，把电影海报上演员的脸换成你朋友的脸吗？当你在学习 Photoshop 时，使用你喜爱的游戏中的精美图像会怎么样？

这些使用受著作权法保护的材料的途径是完全合法的。制定著作权法的人非常谨慎，他们确保著作权法不会限制，而会促进人们创造力的提升。为此，他们提出了一套称为“合理使用”的政策。

合理使用政策是一套规则，可确保著作权法的保护目的不会以牺牲创造力为代价。版权不能用来限制个人的成长或学习、艺术表达和创造性探索。这些想法远比版权更重要，因此当版权妨碍了这些更高的理想时，它就不适用了。你可以自由地使用受著作权法保护的材料来追求这些更高的目标。有些人（错误地）认为合理使用并不适用于受著作权法保护的材料，但事实上，它仅适用于受著作权法保护的材料。以下是法院在做出合理使用决定时会考虑的事项。

- 目的：如果你用某个作品来教书、学习、发表自己的见解、激发你创作新作品的灵感或报道新闻，则你可以安全地使用它。受保护的使用方式包括教育目的（教学、研究）、新闻报道和变革性工作（模仿或以新的方式使用该作品）。如果你利用它来赚钱，或仅将其用于娱乐，或试图把它当作自己的作品来使用，则不被视为合理使用。

- 性质：如果内容是已经发布的、基于事实的，并且对社会不太重要，则这样的作品你可以放心使用。但是，如果它未经出版、有创造性（如艺术、音乐、电影、小说）且为虚构的，则你可能不能使用它。
- 数量：如果你只使用很少的量（不是作品的主要思想或重点，而是用于教书或从中学习），则你可能是安全的。但如果你使用了作品中的大量内容，或者基本剽窃了作品的中心思想或“作品的核心”，那就不是合理使用。
- 结果：如果你使用的是原版作品的合法复印本，这种行为既没有影响到其他复印本的销售，你又没有其他获取复印本的方式，那你很可能是安全的。但是如果你的复印本使别人购买复印本的可能性降低，或者你制作了大量复印本，以致原创者的利益可能受到损害，那这就不是合理使用。

如前所述，著作权法解决了一个简单的问题：“我们如何让这个世界有更多的创造力？”这是著作权法所要回答的问题。合理使用确保了初学者可以尝试使用任何他们想要的东西，只要保证不分享其他艺术家的版权作品即可。

但是，作为一个设计新手，你该如何在实际项目中获得高质量的资源呢？令人高兴的是，你可以在互联网上获得比以往任何时候都多的免费资源和免费库存照片，这将在下一小节中进行介绍。

10.2.4 撤销版权

你有几种撤销版权的方法。一种是自愿的。作者可以选择撤销其作品的版权，但这可能比你想象的要难得多。著作权法保护创作者的作品，因此作品很难不受著作权法保护。

第二种方法是让版权过期。版权通常在原作者去世第 50 年后的 12 月 31 日失效，但也存在例外，因为可以请求延期。详细讨论版权问题超出了本书的范围，但重要的是你要意识到有些材料的版权已经过期。版权过期或被撤销后，作品就被认为处在公共领域。这意味着该材料不再拥有版权，你可以放心地使用该材料，而不用担心侵犯某些人的权利。

10.2.5 许可

★ ACA 考试目标 1.3

许可是可以合法使用受著作权法保护的材料的另一种方法。对于设计人员和艺术家来说，许可是相当普遍的，因为它允许我们在一定时间内以某种方法使用受著作权法保护的材料，方法是根据使用情况支付版权持有人一些费用，数额由版权持有人决定。

库存照片是受各个设计师许可的图像，你可以从许多来源找到它们，不同图像的价格不同。库存照片是作者保留版权的图像，但在购买许可证后，你可以在你的设计中使用这些图像。对于大多数人来说，这个方案比聘请一个摄影师去某个地点拍摄、处理图像，并向你出售图像的使用版权要便宜得多。

知识共享

过去 10 多年里，人们一直在探索，试图寻找其他对创造性作品授权的方式。知识共享许可建立在著作权法的基础上，但是它提供了一些方式使艺术家可以发布他们的作品供人们有限使用，同时可以选择作品的使用和共享方式。

知识共享许可包含以下属性的许多不同组合，因此在使用知识共享许可的材料以及依照知识共享许可协议发布资源时，你需要进行一些研究。

- 公共领域（CC0）许可证允许你将作品发布到公共领域。CC0 通常被认为是将你的资料发布到公共领域的一种方式，并且在世界上的大多数地方都受到尊重。
- 姓名标示（BY）要求你在使用原作者的作品时按照原作者或授权人所指定的方式保留其姓名标示。只要这样做了，你就可以做任何你想要做的合法的事情了。
- 相同方式共享（SA）允许你在任何情况下使用该作品，只要你的创作遵守与原作品相同的授权条款。
- 禁止更改（ND）要求你在将他人作品应用到自己的作品中时不能更改它。你可以自由使用禁止更改条件下的作品，但是你必须保证在使用的过程中不对它进行更改。
- 非商业性（NC）意味着你可以在自己的创意作品中使用他人的作品，只要不是商用。你是免费得到这个受著作权法保护的材料的，因此，如果你想要使用它，那你也必须免费提供你的作品。

★ ACA 考试目标 1.3

肖像使用许可

因为我们在 Photoshop 中使用的许多资源都包含照片，所以我们需要讨论一些其他的权限，如肖像使用权。当设计中有一个可识别的脸部用于宣传某物（无论是产品还是创意）时，就需要这种类型的权限。你为客户所做的任何工作都会被定义为商业用途，并且需要为每个可识别的面孔获取肖像使用权。

10.3 像老板一样思考

有人可能会说，人的一生中，唯一需要知道的就是如何解决问题。但这里指的不应是解决具体问题的方法，记住具体的方法只是一种记忆练习。一只训练有素的猴子可以模仿一个人的动作并获得相似的结果，但猴子不会具有人类思考的深度。我更喜欢的解决问题的方法是深入了解事物，然后探索潜在解决方案的所有细微差别。但对其他人来说，这个过程有点超出了他们的“舒适区”，他们发现模仿别人的解决方案更快、更容易。

在 Photoshop 中，复制其他问题的解决方案或技术意味着遵循教程。在入门级工作中，这样做说明一位员工尽职尽责、办事高效，同时也是一位良好的追随者。

但如果你是领导者，那么你会怎么做呢？当你需要为工作做一些新鲜的事情时，会发生什么？如果老板不知道该怎么做，那么这就是他雇用你的原因。有时，你的客户的要求会比较模糊，如“做一些以前没有做过的事情”。

解决问题的关键在于解决过程。掌握问题的解决过程是取得成功所需的唯一技能。如果你能掌握，那你就可以解决所有问题了。

★ ACA 考试目标 1.2

10.3.1 项目管理

项目管理就是解决问题的过程，旨在监督资源、人员和团队合作项目。项目管理的本质是解决问题和组织过程，这样你就可以在正确的时间使用正确的工具解决正确的问题。项目管理系统有很多形式（就像解决问题的系统一样），但是如果你真正掌握了其背后的思想，你就可以把它们转化成你的客户、团队或老板正在使用的任何管理策略。

解决问题的过程本身就是创造性的。一个好的解决方案可以既优雅又有效。如果你能掌握解决问题的方法，你就能更好、更快地学会你要学习的所有知识。

当你需要解决硬件或设备上的技术问题，处理视觉设计项目中的编辑问题，或要弄清楚如何把卡住的手从罐子里拿出来时，下面的步骤会有所帮助。它可以归结为 3 个简单的步骤：学习、思考和行动。

10.3.2 学习

解决问题的第一步就是学习。它包括两个重要的步骤：了解问题是什么，以及了解其他人是如何解决类似问题的（调查和研究）。这看起来很简单，但过程有时令人困惑。就大多数有重大问题的项目而言，实施者都会在最初几步中陷入困境，因为他们没有很好地学习，或者根本没有学习。

了解问题

正如我们在本章前面所讨论的那样，每个项目的第一步都是要了解问题。对于大多数设计项目而言，你必须弄清楚如何才能最有效地帮助你的客户与目标受众分享目标。如果客户是你自己，那么你就要抓住你想要传达的最重要的东西，并且将它用语言清楚地说明，这样你的目标受众才能照此采取行动。

了解问题是解决问题过程中最困难的部分。如果搞砸了，从定义上讲，就是你没有解决问题。你都没有正确发现问题，那你怎么解决它呢？有时候，实施一个只会产生新问题而不能解决实际问题的计划，只会让问题变得更糟。

如果你一开始就清楚地理解和定义了问题，那就可以避免很多麻烦。“我想卖出一百万个小部件”不是你能解决的问题，这是客户的愿望。那么在这个过程中，你能帮他解决什么问题呢？他卖得没有想象中多？ 也不是。那么你该如何找到问题的根源呢？

首先问一个好问题：人们需要一个小部件吗？如果需要的话，人们知道小部件是什么吗？如果知道，他们会选择另一个竞争者的小部件吗？如果是，他们为什么选择另一个竞争者的小部件？你为什么认为他们应该使用你的小部件？谁最有可能购买你的产品？小部件的广告预算是多少？你想在这个项目上投资多少？你的期望是什么？

许多客户对这一系列问题漠不关心。他们只想尽快采取行动，这样他们才会觉得自己在做有意义的事情，而不是在浪费时间。但让我重复那句老话："假如你毫无目标，你将次次脱靶。"毕竟，磨刀不误砍柴工。

了解问题这一点在较小的项目中可以是非正式的，但在大型项目中可能会非常重要。以下是一些需要回答的关键问题。

- 目的：你为什么要做这个创意项目？你认为什么样的结果可以算成功？
- 目标：谁需要这个信息或产品？描述你的典型客户。
- 限制：项目的限制条件是什么？预算和时间是最需要确定下来的。
- 偏好：除了我们已经讨论过的结果外，你还希望从这个项目中得到什么其他结果吗？

这些示例旨在说明你应该如何快速地确定客户的期望。这些问题的答案决定了工作的规模，以及你如何更好地与客户合作。

从第一步就开始做草图和笔记将会大有帮助。你现在应尽可能多地收集信息，以使项目的其余部分顺利进行。你现在知道得越多，后面需要重新设计的方案就越少，因为你知道了客户讨厌的颜色、布局或项目的总体方向。如果现在不投资时间，后面就得连本带利地偿还时间。对于问题是什么有了一个清晰的概念后，你将在下一步中得到解决问题所需的信息。

调查和研究

确切地了解了客户的期望之后，你就可以通过调查得到你需要的答案了。让我们快速看一下这个词："research"（研究）。拆开来看就是"re-search"，字面意思是"再次搜索"。很多人没有研究，他们只是简单地搜索。他们只关注最明显的地方和方法，如果事情没能立即解决，他们就会选择一个糟糕但快速、简便的解决方案。

在一般的工作中，研究是一个相对较快的过程。在研究时，你应了解有竞争力的产品，了解你要解决的问题，了解你的目标人群。你做的研究越多，你就会获得更多与问题相关的信息，这将对你的下一步产生帮助。

10.3.3 思考

接下来的步骤是“思考”。你可以使用一支笔和一张餐巾纸来快速完成这一步，也可以进行深入思考并在过程中制作大量的文档，这种情况经常发生在大型项目中。但是，我们大多数人经常把思考当成开始。请记住，如果学习步骤做得不好，则思考步骤很可能会走错方向。

头脑风暴

该步骤是头脑风暴。和研究一样，你需要理解它的意思。这是一场头脑风暴，是创意的“飓风”，而不是“毛毛雨”。在进行头脑风暴时，请停止运用分析型思维，你最需要的是创造型思维。如果你进行的是批判性思考而不是创造性思考，那你就会走错方向，在头脑风暴的任务中迷失方向。如果你在朝批判性思考的方向前进，那你就走上了与创造性思考相反的方向。停下来！在头脑风暴中，你不需要努力工作，头脑风暴的工作应该是轻松愉快的。

有时，你也需要进行一些分析。当你有一些创造性的想法时，你需要开始分析如何完成它们。以下是一些进行头脑风暴时不要做的事情包括那些可能会触发批判性和创造性思维的思维方式，如下所示。

批判性思维	激发创造性思考的事情
判断你的想法	听音乐
当你还处在头脑风暴阶段时，试着实践某个想法	看网上那些很酷的艺术作品
被某个想法困住	给朋友打电话
规划某个项目	涂鸦
考虑你还有多长时间	读诗
考虑预算	休息一下
考虑数量	散步
对你的想法进行分组或分类	看电影
发展你认为最好的那个想法	写诗
	冥想 5 分钟
	锻炼
	花时间反思

你在进行头脑风暴的时候，先不要修改你的想法，让它们自由地流出。即使你突然想到的是一个糟糕的主意，也请把它写在纸上。因为如果你不这样做，它就会不断地跳出来，直到它获得重视。尊重所有微小

的想法，有一天，它们会为伟大的思想敞开大门。头脑风暴是数量的问题，而不是质量的问题。

选择和计划

进行头脑风暴后，你需要选择一个在过程中生成的解决方案并对此进行规划。你会发现，你最终选择的很少会是你脑海中所出现的第一个创意。在头脑风暴的过程中，你的第一个创意会反复出现。初学者常犯的一个错误就是会抓住第一个创意不放，不要这样！最好的想法都深藏在你的脑海中，因此，你必须摆脱那些最开始想到的简单创意。当你面对的是一个小的项目或一个人的团队时，你或许可以迅速签订合同并开始工作。但是，当你要做大一些的项目时，你需要做出详尽且重点突出的规划。

项目越大，这个过程就越正式。只有一个人参与的小项目几乎不需要计划来指导项目的进行，但是一个较大的项目则需要完备的计划来为团队设定项目需求。

★ ACA 考试目标 1.2 设定项目需求

该步骤表明你要开始行动了。从你所有的想法中，挑出一个最合适的，然后计划如何实现它。这时，你需要确定要做什么、确定方向并确立明确的目标。这个阶段中（大多数有创造力的人都会本能地产生抗拒情绪，包括我自己在内）你需要明确做什么，这样做能够帮助你确定方向和目标。我们抗拒它，是因为它似乎限制了我们创造的自由，给了我们一个明确的清单——上面列着许多创意人士所讨厌的事物。这些东西是创造力的克星，至少我们认为是。

但是如果你不执行这一令人讨厌的步骤，会发生什么呢？你将不知道需要做什么，没有前进的方向，也没有目标。尽管这一步骤本身似乎并不具有创造性，但在这个特殊的关头，创造性并不是最重要的。你处在一个旅程与目的地较量的时刻。没有限制的创造力是一段旅程，这对你自己的工作来说是很好的，但是对于客户驱动的项目来说是一场灾难。客户驱动的项目需要明确的目标，也就是之前所说的“目的地”，你需要让旅程最后到达某个特定的地方。

每个项目计划必须包含两个关键点，即项目范围和项目截止日期。每份合同都必须确定这两个关键点，这是整个项目最需要被关注的地方。

- 项目范围是你需要完成的工作量。对于设计师来说，这是最重要的事情。如果范围不明确，你就会面临编辑和生产工作中的致命问题：扩大化。在设计行业中，这是一个普遍存在的问题（你将在本章后面了解更多），但是只简单写下一个确定的范围便可以防止这个问题的发生：把你需要做的事情确切地写下来，并确保附上具体的数字。
- 项目截止日期决定了你需要何时完成工作。这是客户最看中的要素。截止日期通常会影响价格。如果客户在 6 个月内需要 10 个动画横幅广告，则你可以提供一个折扣。但如果他们在明天早上之前需要一份草稿，那么他们将不得不支付一笔额外的“加急费”。大型项目的最后期限也可以分成几个阶段，每个阶段都应付一部分费用。这种任务的划分可以帮助你在大型而漫长的项目中产生现金流，也限制了延迟付款对你的影响。

我强烈建议你在创意项目计划中加入以下几个附加项目。当你和客户分享和讨论这些事情时，不仅可以节省时间和金钱，也能避免分歧。这些额外的交付成果是项目计划的原材料，能够帮助你传达项目的确切目标。以下两个交付成果对于每个生产项目都是至关重要的。

★ ACA 考试目标 1.2

- 草图可以帮助你向客户展示你的项目和编辑流程。如果客户知道他们想要的是什么，并且可以给你他们自己的故事板（不管多么粗糙）那就更好了。这会限制你创造的自由吗？会，但它能帮你节省很多时间。为客户工作的目标是完成一个让他满意的项目。如果客户很挑剔，他知道自己想要什么，那你就无法说服他。草图可以帮助你节省时间，因为它们会将你的方向限制在客户可以接受的方向上，并且可以帮助你更快地接受这一方向。这意味着你可以更快完成工作并拿到工资。在进行实际编辑之前，故事板做得越好，后期所需的更改和修订就越少。你不必成为素描大师，草图只要能传达想法就好。有时，草图可能只是线框图，它非常粗略地代表了将如何布置项目，特别是在交互式媒体项目方面。
- 规范是详细的、清晰的项目目标和限制。规范本身常常被称为“项目计划”，并成为合同的一部分。这将涉及交互式项目的目标平台和功能集。所有的项目计划都应包括两个关键的信息：项目范围和需要满足的最后期限。请确保在项目规范中始终包含这两个信息。

避免项目扩大化

当项目开始失去重心、不受控制时，项目扩大化就会发生，这会消耗你越来越多的时间和精力。警惕这一现象很重要。这种情况经常发生，而罪魁祸首就是糟糕的项目计划，计划中没有清楚的规范和截止日期。

项目扩大化是这样发生的。客户创造了一个产品并想销售它，他来找你做营销材料。你确定他想要一个 logo、一份传单和一些网页。你已经跟他定好了价格，并且你有一个月的时间来完成。就这样，你开始动工了。

然后客户意识到他还需要一些可以放到社交媒体上的图片，请问你能帮忙做几张吗？他又意识到他需要把新 logo 放到新名片上，请问你能帮忙设计一张上面有 logo 的名片吗？他不知道应该怎么把他的产品投放到他喜欢的网络市场上，请问你能帮他设置一下吗？他改变了发布日期，下个月太晚了，下周就需要，因为他刚刚在一个大型会议上预订了一个展位，顺便问一下，你对设计展位有了解吗？

这就是为什么创建一个附有明确任务和截止日期的详细项目计划是至关重要的。有时客户会提出要求，而你只需要 30 秒就能帮助他们，此时愉快地帮客户一点小忙是件令人开心的事情。帮小忙只会花费你 5 分钟甚至更少的时间。但在此之外，帮忙就变成了你的工作，而你唯一的证据是合同中明确规定的项目范围。

请确保你已经清楚地说明了项目的范围。如果合同上说你将为公司的网站提供任何图片，那你就有麻烦了。但如果上面说你可以为客户的网站专门提供最多 9 张图片，那就不会有任何问题。请务必花一些时间来确定你的项目范围以及详细的截止日期，这样做可以帮你节省很多工作时间和修改合同的时间。

有时，客户已经批准了你的项目，然后又提出了一些别的要求。如果你需要花费超过 10 分钟的时间进行修改，那你就应该向他收取费用。坚持这个原则可以让客户在将更改发送给你之前考虑一下。如果你在处理临时更改时没有收费，那客户就没有理由提前考虑他们的要求。向客户收取额外的更改费用，可以使他专注于他真正想要的东西。

当然，如果客户的要求能让工作变得更简单、更高效，那就免费进行修改吧。如果一件事情对你和你的客户都有利，那就去做，这样还可以趁机建立商誉。但是，当 11 小时的更改只有利于关系中的一方时，那请求方必须为服务付费。这样的安排可以确保每个人都从中受益。

10.3.4 行动

★ ACA 考试目标 1.2

项目计划的最后阶段是行动！当你有一个好的计划时，事情通常都会进展得很顺利，除非遇到一个障碍。但到了现在，对于大多数设计项目，你已经完成得差不多了。

开始行动

这一步是显而易见的：开始行动。大多数人认为所有的行动都是在这个阶段……但老实说，如果你前面的步骤完成得好的话，那这可能是过程中最快的部分。你已经知道该做什么了，那就开始做吧。设计决策和功能规范已经制定出来了，你可以开始工作了。当然，在做这一步时，请定期参考项目规范，并与客户保持密切联系。最好的方法是在你和客户间建立一个反馈循环。

反馈循环

★ ACA 考试目标 1.2

反馈循环是一个系统，旨在不断鼓励与要求客户对项目方向提供意见和批准。让客户详细了解项目的进展情况是加快这一过程的最佳方法。对于交互式媒体项目，反复性工作可以提供有效的指引，让客户在过程中对项目不断进行审改和提出意见。反复性工作是指你在完成工作后与客户分享交流的过程，这样做有几个非常关键的作用。首先，它可以让客户看到工作正在完成，使客户确信这个过程充满动力。其次，它可以让客户对不喜欢的地方提出意见，在这时做出调整还是很容易的。

建立这种开放的交流渠道，可以鼓励你与客户进行有效的意见互换，并使你能够高效地修改或微调项目来满足客户需求。

测试和评估

如果你拥有良好的反馈循环，那么最后一步也可以很快完成。对于视觉设计项目，它实际是根据项目计划检查工作，并确保满足所有项目规定来让你和你的客户满意。如果没有达到预期效果，你应该从本质上回顾解决问题的过程，了解当前遇到的问题，准确找出客户认为不符合要求的地方。

假设项目计划具有故事板和良好的反馈循环，那么测试和评估阶段只需要进行一些细微调整即可，这与其他反复性工作的解决方案没有什么不同。如果你没有一个良好的反馈循环，那么客户第一次看到你交付的工作时可能会不高兴，并要求你进行无数次修改。请把有效的、明确的反馈循环当作计划的一部分，这样就可以避免这些令人头疼的问题。测试和评估这两个工具是你对付项目扩大化和不讲理的客户最好的利器。

为大公司工作

许多视觉设计师的职业生涯都是从大公司开始的，这比自己创业要容易得多。如果你是一名专业的艺术家，那么这种类型的工作只需要你做好你最擅长的任务即可。在大公司里，其他人负责销售、管理客户关系和项目，并制定技术规范。

作为大公司的艺术家，你只需要负责处理和编辑素材即可，其他所有事务都由别人来处理，这对于那些不喜欢进行项目管理和记账等细节工作的艺术家来说，是一个很好的选择。

在一家经验丰富的公司中工作，对你而言也是一种很好的选择。你可以发挥自己的优势，了解这个行业，同时慢慢增加你在这个行业的其他方面的参与度，而不仅是熟练地使用 Photoshop。

10.4 小结

本章的大部分内容与类似书籍中介绍 Photoshop 的实际操作不同。但是，刚刚起步的艺术家们如果还没有接触到本章涉及的内容就开始工作，可能会遇到麻烦。